Word Excel PPT PS 移动办公 5合1

Word

罗 亮 张应梅 编著

電子工業出版社
Publishing House of Electronics Industry
北京·BEIJING

内容简介

本书以实用为目的，以由浅入深的方式介绍了 Word、Excel、PowerPoint、Photoshop 和移动办公 5 大办公应用的基本操作和实用技巧，全书以案例的形式介绍软件的使用方法，涉及的案例非常广泛，包含了日常办公的大多数领域，如公文信函、通知启示、工作报告、工资管理、企业宣传、人事管理、市场分析、财务报表、图像处理和广告设计等，是广大电脑办公用户的入门学习手册。

本书适用于涉及电脑办公的各类职场办公人员，是文秘助理、宣传策划、人事管理、后勤管理、市场营销、商务精英、企业领导以及公务员等各行业办公人员快速学习电脑和手机办公的得力助手。

图书在版编目（CIP）数据

Word Excel PPT PS 移动办公 5 合 1. Word / 罗亮，张应梅编著. —北京：电子工业出版社，2020.4

ISBN 978-7-121-38715-9

Ⅰ. ① W… Ⅱ. ①罗… ②张… Ⅲ. ①文字处理系统 Ⅳ. ① TP317.1

中国版本图书馆 CIP 数据核字（2020）第 063335 号

责任编辑：祁玉芹
文字编辑：罗克强
印　　刷：中国电影出版社印刷厂
装　　订：中国电影出版社印刷厂
出版发行：电子工业出版社
　　　　　北京市海淀区万寿路 173 信箱　　邮编：100036
开　　本：710×1000　　1/16　印张：36.25　字数：773 千字
版　　次：2020 年 4 月第 1 版
印　　次：2020 年 4 月第 1 次印刷
定　　价：128.00 元（全 5 册，含光盘 1 张）

📁 写作目的

众所周知，对于许多职业来说，熟练掌握常用电脑办公技能已经成为职场的基本要求，如公务员、行政办公人员常常需要撰写各种公文；财务人员、后勤人员以及销售人员常常需要制作和使用各种数据表格；产品研发人员、项目经理常常需要利用幻灯片来进行演讲；宣传策划人员则常常需要制作各种户外广告或宣传单。而更多时候，我们不能局限于只掌握其中的一项技能，只有精通各种办公技能，才能在工作中游刃有余，脱颖而出。

对于 Word、Excel、PowerPoint 和 Photoshop 等常用办公软件，大家都应该耳熟能详了，并且或多或少都有一定的使用经验，那么究竟如何才能算"熟练掌握"呢？关于这一点并没有一个严格的评判标准，许多人自认为对软件功能有一定的了解，甚至经过系统的学习，便认为已经熟练掌握了，殊不知到了实际工作中，当上级要求制作一份合同、一张带图表分析的表格或是一张产品宣传单时，才感觉到捉襟见肘、功力不足。因此，"实战"才是检验能力的唯一标准。

本书针对许多用户实战经验不足的特点，将知识点融入到案例中，通过对工作中实际案例制作过程的讲解，帮助读者快速掌握软件的使用方法，并举一反三，将所学知识快速应用到实际工作中。案例步骤清晰、完整，保证读者能轻松、顺利地进行同步操作。用户通过本书的学习，可以快速积累实战经验，从职场小白变身办公高手。

除了电脑办公外，使用手机移动办公也正在成为一种必备的办公方式，办公人员可以通过手机完成签到打卡、流程审批、即时沟通、信息发布以及文件管理等操作，实现随时随地办公。因此本书将对移动办公的相关知识进行介绍，使读者在一本书中掌握更多的办公技能。

📁 内容构成

本书共分为 5 篇，分别介绍了 Word、Excel、PowerPoint、Photoshop 和移动办公 5 个方面的应用，各章节内容安排如下。

部　　分	章　　节	主要内容
第 1 篇 Word 文档制作	第 1 ～ 5 章	主要介绍了文本类文档制作、使用对象丰富文档以及长文档编排
第 2 篇 Excel 表格制作	第 6 ～ 10 章	主要介绍了数据的录入与整理、数据的处理与分析、公式与函数应用以及用图表展现数据
第 3 篇 PowerPoint 幻灯片制作	第 11 ～ 14 章	主要介绍了幻灯片编辑与放映以及幻灯片母版与动画设计
第 4 篇 Photoshop 图像处理	第 15 ～ 17 章	主要介绍了图像合成与创意、数码照片处理以及商业广告设计
第 5 篇 移动办公应用	第 18 ～ 20 章	主要介绍了使用钉钉实现团队移动办公以及各种手机办公实用小工具

🗀 写作特点

☑ 精选案例，典型实用。本书以案例的形式来介绍软件的功能和用途，书中所有案例均为精心挑选，具有典型性和代表性，以实用为目的，同时兼顾知识点的全面，在讲解时尽可能以一种比较简便、易行的方式进行，以提高实际工作效率。

☑ 讲解细致、轻松完成。本书虽然没有从零开始对软件进行系统性的功能介绍，而是直接进行案例制作讲解，但是每一步操作都会讲解到位，且一步一图，从而使初学者也能够轻松地完成所有案例的制作。在案例的安排上也尽量做到由浅入深，使读者轻松上手。

☑ 一步一图，分步详解。在介绍具体操作步骤时，每一步操作步骤都配有对应的插图，并将其分解为小步骤，在图上标明具体操作位置，使读者能够更快、更精确地完成各个操作。

☑ 手机视频，注重效率。为了方便读者的学习，本书附赠多媒体教学视频，并将其制作成二维码放置于相关章节中，用户可在阅读本书的同时使用手机扫码看视频，感受与众不同的学习体验，并提高学习效率。

☑ 配套光盘、超值赠品。本书配套光盘中不但提供本书所有案例的素材及效果文件，还附赠多媒体教学视频以及大量学习资料、模板等赠品，物超所值。

📁 配套资源

本书配套光盘中提供了丰富多样的教学资源，以帮助读者进行学习和提高，具体内容如下。

☑ 本书所有案例的素材文件和结果文件

☑ 本书所有案例同步教学视频

☑ 《WordExcelPPT 基础教程》（电子书）

☑ 《Photoshop CC 基础教程》（电子书）

☑ 《Excel 函数应用手册》（电子书）

☑ 《五笔打字速成》（电子书）

☑ 电脑组装与系统安装视频教程

☑ 公司日常管理工作手册

☑ 3000 个 Word、Excel、PPT 实用模板

📁 本书作者

本书由多年从事办公软件研究及培训的专业人员编写，他们拥有非常丰富的实践及教育经验，并已编写和出版过多本相关书籍。本书是作者出版的诸多同类书的"集大成式"作品，会精聚粹、物超所值。参与本书编写的作者有罗亮、张应梅等，书中如有疏漏和不足之处，恳请广大读者和专家不吝赐教，我们将认真听取您的宝贵意见。

目　录

第 1 篇　Word 文档制作

第 1 章　Word 文档录入与编排 1

1.1　制作"员工活动通知" 2

1.1.1　创建通知文档 2

1.1.2　输入通知内容 2

1.1.3　设置文本格式 3

1.1.4　设置段落对齐方式 4

1.1.5　设置段落首行缩进 4

1.1.6　设置段落间距与行距 5

1.2　制作"劳动合同书" 6

1.2.1　设置页面格式 6

1.2.2　编辑劳动合同书首页 7

1.2.3　编辑劳动合同书正文 9

1.2.4　阅览劳动合同书 11

1.2.5　打印劳动合同书 12

1.3　制作"员工行为规范" 12

1.3.1　设置正文格式 13

1.3.2　设置标题样式 14

1.3.3　设置文档边框和底纹 16

1.4　技能提升 17

📖 快速输入不认识的汉字 17

📖 在文档中添加特殊符号 18

📖 在 Word 中输入数学公式 18

📖 设置数值的上标与下标 18

📖 快速转换英文大小写 19

📖 输入带圈数字 19

📖 输入超大文字 19

📖 制作首字下沉效果 19

第 2 章　使用对象丰富文档 21

2.1　制作"旅游景点宣传单" 22

2.1.1　页面设置 22

2.1.2　制作宣传单页头 23

2.1.3　编辑正文内容 26

2.2　制作"店铺促销海报" 30

2.2.1 使用文本框输入文本.....................30

2.2.2 美化文本.....................32

2.2.3 修饰文档.....................34

2.3 制作流程图.....................36

2.3.1 制作流程图标题.....................36

2.3.2 绘制流程图.....................37

2.3.3 美化流程图.....................39

2.3.4 应用图片填充流程图.....................39

2.4 技能提升.....................41

📖 快速设置图片外观效果.....................41

📖 让图形水平 / 垂直翻转.....................41

📖 快速插入电脑中的图片.....................41

📖 连续使用同一个形状工具绘图.........41

📖 将 SmartArt 图形保存为图片文件......42

第 3 章 文档中的表格应用............43

3.1 制作"个人简历".....................44

3.1.1 表格的插入与调整.....................44

3.1.2 填写表格内容.....................46

3.1.3 美化表格.....................47

3.2 制作"公司开支统计表".....................48

3.2.1 插入表格.....................49

3.2.2 输入内容并设置格式.....................49

3.2.3 制作斜线表头.....................50

3.2.4 美化表格.....................52

3.2.5 统计表格数据.....................53

3.2.6 插入图表.....................54

3.3 技能提升.....................55

📖 固定表格标题行.....................55

📖 让表格与文本实现绕排.....................56

📖 将表格一分为二.....................56

第 4 章 长文档编排.....................57

4.1 排版"毕业论文".....................58

4.1.1 运用样式编排文档.....................58

4.1.2 使用文档结构图.....................63

4.1.3 使用格式刷复制样式.....................63

4.1.4 制作页眉和页脚.....................64

4.1.5 制作目录与封面.....................65

4.1.6 文档修订与批注.....................67

4.2 制作"员工手册".....................69

4.2.1 页面设置.....................69

4.2.2 制作封面.....................70

4.2.3 输入内容并设置格式.....................71

4.2.4 设置标题格式.....................73

4.2.5 插入页码.....................75

4.2.6 提取目录.....................76

4.3 技能提升.....................77

📖 为段落样式设置快捷键.....................77

📖 快速清除文档中多余的空行.............77

📖 快速替换段落样式.....................78

📖 删除页眉中的横线.....................78

📖 允许英文单词从中间换行.................78

Contents

第 5 章 商务文档制作 79

5.1 批量制作"员工工作证" 80

5.1.1 页面设置 80

5.1.2 制作员工工作证正面 81

5.1.3 制作员工工作证背面 84

5.1.4 批量制作工作证 85

5.2 制作"企业红头文件"模板 88

5.2.1 制作公文版头内容 88

5.2.2 制作公文主体内容 92

5.2.3 制作公文版记内容 95

5.2.4 模板保存及应用 97

5.3 制作"问卷调查表" 99

5.3.1 在文档中应用 ActiveX 控件 99

5.3.2 添加宏代码 104

5.3.3 文件保护与测试 105

5.4 技能提升 107

将空格标记显示在文档中 107

关闭文档中的彩色提示线 107

为文档添加水印效果 107

打印 Word 的背景 107

通过打印奇偶页实现双面打印 108

第 2 篇 Excel 表格制作

第 6 章 数据录入与整理 109

6.1 制作"员工档案表" 110

6.1.1 新建工作簿 110

6.1.2 工作表的基本操作 111

6.1.3 在表格中录入数据 112

6.1.4 单元格的基本操作 116

6.1.5 为表格设置边框和底纹 118

6.2 制作"销售业绩表" 119

6.2.1 应用样式和主题 119

6.2.2 使用图形展现数据 124

6.3 制作"员工加班记录表" 127

6.3.1 输入文本型数据 127

6.3.2 输入 0 开头的文本型数据 129

6.3.3 输入日期和时间 129

6.3.4 使用货币格式显示金额 132

6.3.5 美化表格 133

6.4 技能提升 134

快速返回当前活动单元格 134

巧用"F4"键快速插入行 / 列 134

配合"Ctrl"键和"Shift"键
选择单元格区域 135

快速选择多行或多列 135

使用"Ctrl+ 方向键"找到数据
边缘 136

使用"Ctrl+Shift+ 方向键"
快速选择连续区域 136

快速调整行高和列宽......................136

第 7 章 数据查看与分析.............137

7.1 查看"考评成绩表" 138

7.1.1 按成绩高低进行排序..................138

7.1.2 筛选考评成绩表数据..................140

7.1.3 使用高级筛选功能...................141

7.2 制作"销售业绩分析表"............143

7.2.1 应用合并计算汇总销售额...........143

7.2.2 使用分类汇总统计数据.............145

7.2.3 筛选数据.............................149

7.3 分析"销售数据表" 150

7.3.1 使用数据透视表分析数据...........150

7.3.2 插入切片器分析数据................153

7.3.3 使用数据透视图分析数据...........154

7.4 技能提升...................................157

筛选出指定姓氏的人员...............157

让文本按笔画顺序排序...............157

按行进行排序........................157

只对工作表中的某列进行排序........158

第 8 章 公式与函数应用...............159

8.1 计算"销售统计报表" 160

8.1.1 手动输入公式.......................160

8.1.2 使用鼠标辅助输入公式.............160

8.1.3 复制公式...........................161

8.1.4 计算完成率.........................162

8.1.5 使用函数计算数据..................162

8.2 制作"员工工资表" 164

8.2.1 制作工资表.........................164

8.2.2 制作并打印工资条..................168

8.3 制作"员工数据统计表"............171

8.3.1 使用 COUNT 函数统计
员工总人数......................171

8.3.2 统计员工性别比例..................172

8.3.3 统计本科及以上学历的
人数及比例......................174

8.4 制作"员工出差登记表" 175

8.4.1 使用 TODAY 函数插入日期.........175

8.4.2 使用 IF 函数判断员工
是否按时返回....................175

8.4.3 使用条件格式突出显示
单元格..........................176

8.5 制作"安全库存量预警表"............177

8.5.1 计算并判断是否预警...............177

8.5.2 突出显示预警单元格...............178

8.6 技能提升...................................179

粘贴公式中的值.....................179

突出显示所有包含公式的单元格......180

让公式现出原形.....................180

第 9 章 常用函数应用实例............181

9.1 常用文本函数 182

9.1.1 使用 MID 函数从身份证号中提取
出生年月........................182

9.1.2 使用 LEFT 函数从数据左端提取
指定个数的字符 182

Contents

9.1.3 使用 RIGHT 函数从数据右端提取
指定个数的字符 183

9.1.4 使用 PROPER 函数或 UPPER 函数
将英文转换为大写 183

9.1.5 使用 TRIM 函数删除字符串中
多余的空格 184

9.1.6 使用 REPT 函数指定文本重复
显示次数 184

9.1.7 使用 CONCATENATE 函数合并
多个单元格文本 185

9.1.8 使用 EXACT 函数比较两个文本
是否相同 185

9.2 常用日期与时间函数 186

9.2.1 使用 NOW 函数获取当前日期
与时间 186

9.2.2 使用 TODAY 函数获取当前
日期 187

9.2.3 使用 YEAR、MONTH、DAY 函数
获取年、月、日 187

9.2.4 使用 DATEVALUE 函数计算
两个日期之间的间隔天数 187

9.2.5 使用 WEEKDAY 函数计算
某一日期是星期几 188

9.3 常用数学函数 189

9.3.1 使用 ABS 函数计算绝对值 189

9.3.2 使用 INT 函数向下取整 189

9.3.3 使用 ROUND 函数进行四舍五入
计算 190

9.3.4 使用 PRODUCT 函数计算数值
乘积 190

9.3.5 使用 SQRT 函数计算平方根 190

9.3.6 使用 POWER 函数计算乘幂 191

9.3.7 使用 RAND 函数返回 0~1 之间的
随机数 191

9.3.8 使用 RANDBETWEEN 函数返回
某个范围内的随机整数 192

9.4 常用逻辑函数 192

9.4.1 使用 IF 函数评定成绩等级 192

9.4.2 使用 AND 函数进行逻辑与计算 .. 193

9.4.3 使用 OR 函数判断多个条件中
是否至少有一个条件成立 194

9.4.4 使用 ISBLANK 函数判断单元格
是否为空 194

9.5 常用统计函数 195

9.5.1 使用 MAX 函数计算一组数值的
最大值 195

9.5.2 使用 MIN 函数计算一组数值的
最小值 195

9.5.3 使用 RANK 函数计算数据排位 196

9.5.4 使用 COUNT 函数计算包含数值型
数据的单元格个数 196

9.5.5 使用 COUNTA 函数计算非空
单元格个数 197

9.5.6 使用 COUNTBLANK 函数
计算空白单元格的个数 197

9.5.7 使用 COUNTIF 函数计算符合
单个条件的单元格个数 198

9.5.8 使用 COUNTIFS 函数计算符合
多个条件的单元格个数 199

9.6 常用财务函数 199

9.6.1 使用 PMT 函数计算贷款的
每期付款额 199

9.6.2 使用 IPMT 函数计算贷款的
每期支付利息 200

9.6.3 使用 PPMT 函数计算贷款的
每期支付本金 201

9.6.4 使用 DB 函数计算折旧值 201

9.6.5 使用 SYD 函数计算折旧值 202

Contents

第 10 章 用图表展现数据 203

10.1 制作"生产统计图表" 204

10.1.1 创建图表 204

10.1.2 调整图表布局 206

10.1.3 美化图表 208

10.2 制作"资产总量及构成分析图表" . 210

10.2.1 创建图表数据源 210

10.2.2 创建图表 211

10.2.3 编辑图表 211

10.2.4 美化图表 213

10.3 制作"现金收支结算图表" 215

10.3.1 创建组合图表 215

10.3.2 设置图表样式 216

10.4 技能提升 218

📖 快速交换坐标轴数据 218

📖 突出显示柱形图中的某一柱形 ... 218

📖 添加次坐标轴 219

📖 添加坐标轴刻度单位 219

📖 将饼图分离突出显示 220

第 3 篇 PowerPoint 幻灯片制作

第 11 章 幻灯片编辑与放映 221

11.1 制作"企业宣传手册"演示文稿 222

11.1.1 创建演示文稿文件 222

11.1.2 编辑幻灯片 225

11.1.3 美化幻灯片 229

11.2 放映"企业宣传手册"演示文稿 231

11.2.1 设置幻灯片放映类型 231

11.2.2 设置排练计时 231

11.2.3 放映幻灯片 232

11.2.4 演示文稿的输出和打包 236

11.3 技能提升 239

📖 快速返回当前活动单元格 239

📖 快速替换已经编辑好的图片 239

📖 快速替换演示文稿中的字体 240

📖 精确调整图片旋转角度 240

📖 暂时隐藏重叠的对象 240

第 12 章 幻灯片母版与动画设计 ... 241

12.1 制作"竞聘报告"演示文稿 242

12.1.1 制作幻灯片母版 242

12.1.2 编辑幻灯片内容 247

12.1.3 设置对象动画 250

12.1.4 设置幻灯片切换动画 254

**12.2 为"市场调研报告"PPT 设置
动画效果** 256

12.2.1 制作目录动画.......................256

12.2.2 为文本添加动画效果.............258

12.2.3 为图表设置动画效果.............259

12.2.4 制作结尾页幼灯片动画............260

12.2.5 设置幻灯片切换动画.............261

12.2.6 添加幻灯片交互功能.............262

12.2.7 另存为放映文件.................264

12.3 技能提升 265

📖 在一个演示文稿中应用两个不同的
主题 265

📖 如何快速删除动画效果................266

📖 为幻灯片添加电影字幕式效果........266

📖 制作连续闪烁的文字效果.............266

第 13 章 幻灯片多媒体与交互应用267

13.1 制作"产品宣传"PPT.................268

13.1.1 插入外部声音文件...............268

13.1.2 音频播放设置...................269

13.1.3 裁剪音频文件...................270

13.1.4 更改音频的图标样式.............271

13.1.5 在幻灯片中插入视频文件.........274

13.1.6 美化视频窗口...................275

13.1.7 裁剪视频........................275

13.1.8 将演示文稿打包.................276

13.2 制作"智能考试系统"PPT............277

13.2.1 制作首页幼灯片.................277

13.2.2 制作答题页面...................279

13.2.3 编写选择题代码.................282

13.2.4 添加按钮动作...................284

13.2.5 测试答题系统...................285

13.3 技能提升 287

📖 让插入的视频全屏播放...............287

📖 删除已添加的链接...................287

📖 保持视频的最佳播放质量.............287

📖 保持视频的最佳播放色调.............287

第 14 章 幻灯片演讲....................289

14.1 演讲前的准备 290

14.1.1 有备无患.......................290

14.1.2 事前排练.......................291

14.1.3 构思开场与结尾.................292

14.1.4 明确演讲的目的.................293

14.2 演讲的技巧与细节 293

14.2.1 演讲中的技巧...................293

14.2.2 处理观众提问...................294

14.2.3 克服紧张.......................295

14.2.4 时间概念.......................295

14.2.5 不宜涉及.......................295

Contents

第 4 篇 Photoshop 图像处理

第 15 章 图像合成与创意 297

15.1 制作创意图像 298

15.1.1 制作飞出屏幕的特效 298

15.1.2 合成人像金币 299

15.1.3 制作水晶按钮 304

15.1.4 绘制通透的美玉手镯 309

15.1.5 合成立体书效果 314

15.2 制作特效文字 318

15.2.1 制作玻璃金属边框文字 318

15.2.2 制作积雪文字 321

15.2.3 制作点状放射文字 324

15.2.4 制作放射光线文字 326

15.2.5 制作钻石文字 331

第 16 章 数码照片处理 335

16.1 照片调色与修饰 336

16.1.1 美化照片中的人像 336

16.1.2 快速处理曝光过度的照片 340

16.1.3 调出亮丽色彩的婚纱照 342

16.1.4 为照片打造怀旧效果 344

16.1.5 调制漂亮炫彩风景照 347

16.1.6 快速调出秋天色调 350

16.2 制作特效照片 351

16.2.1 把人物照片转换成古典工笔画 .. 351

16.2.2 把风景照片制作成日式油画
效果 354

16.2.3 合成人物素描效果 356

16.2.4 将人物照片创建成涂鸦墙
效果 359

16.2.5 把人物转为酷炫的卡通漫画
效果 362

第 17 章 商业广告设计 365

17.1 宣传单 / 海报设计 366

17.1.1 制作快餐店宣传海报 366

17.1.2 制作牙膏宣传海报 371

17.1.3 制作健身俱乐部宣传单 376

17.2 产品包装设计 383

17.2.1 月饼包装盒平面图 383

17.2.2 月饼包装盒效果图 388

17.3 户外广告设计 391

17.3.1 制作户外灯箱广告 391

17.3.2 制作公交车站台广告 395

Contents

第 5 篇 移动办公应用

第 18 章 使用钉钉实现团队移动办公
.... **401**

18.1 团队注册与管理 402

18.1.1 管理员账号注册 402

18.1.2 员工账号注册 404

18.1.3 添加团队成员 406

18.1.4 管理团队成员 407

18.2 工作沟通无障碍 410

18.2.1 发起单独聊天 410

18.2.2 使用群聊功能 411

18.2.3 DING 一下, 消息必达 413

18.2.4 密聊模式更安全 415

18.2.5 电话会议与视频会议 417

18.2.6 公告一下, 全都知道 419

18.3 协同办公更高效 421

18.3.1 手机打卡更方便 421

18.3.2 日常事务审批更便捷 424

18.3.3 移动签到 426

18.3.4 钉盘, 企业的移动硬盘 427

18.3.5 工作报告轻松填 429

第 19 章 手机版 WPS Office 办公应用
.... **431**

19.1 文件的基本操作 432

19.1.1 文件的打开和编辑 432

19.1.2 新建和保存文件 433

19.2 WPS 文档编辑 435

19.2.1 文本的选择 435

19.2.2 设置文本格式 435

19.2.3 设置段落格式 437

19.2.4 在文档中插入图片 439

19.2.5 在文档中插入表格 441

19.2.6 文档页面设置 444

19.3 WPS 表格制作 445

19.3.1 单元格基本操作 445

19.3.2 数据的输入与编辑 446

19.3.3 设置数据格式 448

19.3.4 快速填充数据 449

19.3.5 数据排序 449

19.3.6 数据筛选 450

19.3.7 使用公式 452

19.3.8 使用函数 454

19.4 WPS 演示应用 456

19.4.1 幻灯片基本操作 456

19.4.2 输入和编辑文本内容 457

19.4.3 在幻灯片中插入图片 459

19.4.4 在幻灯片中插入声音 461

19.4.5 设置幻灯片切换效果 462

19.4.6 将幻灯片制作成长图片 463

Contents

第 20 章 手机办公实用小工具 465

20.1 文档阅读 466

20.1.1 福昕 PDF 阅读器....................... 466

20.1.2 迅捷 PDF 转换器....................... 467

20.1.3 CAD 看图王 469

20.2 文档扫描与文字识别..................... 471

20.2.1 扫描全能王 471

20.2.2 迅捷文字识别............................ 473

20.2.3 讯飞语记................................. 476

20.3 文件云存储.................................... 477

20.3.1 百度网盘 477

20.3.2 腾讯微云 480

20.3.3 乐同步.................................... 481

20.4 时间管理 482

20.4.1 时光序.................................... 482

20.4.2 滴答清单 485

20.5 名片管理 489

20.5.1 名片全能王 489

20.5.2 脉可寻名片 492

20.6 企业信息查询 494

20.6.1 天眼查.................................... 494

20.6.2 企查查.................................... 497

第 1 章

Word 文档录入与编排

本章导读

Word是Microsoft公司推出的一款强大的文字处理软件，使用该软件可以轻松地录入和编排文档。文本类文档是所有文档类型中最基础也是最常用的文档类型，例如通知、合同、启示、制度等，本章将通过案例介绍在文本类文档制作过程中所涉及的知识点。

案例导航

★ 制作"员工活动通知"
★ 制作"劳动合同书"
★ 制作"员工行为规范"

1.1 制作"员工活动通知"

通知类文档是日常办公中最常见的文档类型之一，通知文档主要由通知标题、称呼、正文内容、落款和日期组成。本案例将制作一份"员工活动通知"文档，通过该案例，读者可以了解新建文档、保存文档、设置文本格式和设置段落格式等知识。

1.1.1 创建通知文档

在制作通知文档前，首先需要新建一个空白 Word 文档，将其保存到合适的位置并正确命名，以方便管理文档。

步骤 1 ❶进入需要存放该文档的文件夹，在空白处单击鼠标右键；❷在弹出的快捷菜单中选择"新建"→"Microsoft Word 文档"命令。

步骤 2 ❶为新创建的 Word 文档命名；❷完成后单击空白处即可。

1.1.2 输入通知内容

新建文档之后，就可以开始输入通知的内容了。一则通知通常包含标题、正文、落款和日期，下面我们来学习如何在 Word 文档中输入通知内容。

步骤 1 双击打开新建的 Word 文档，切换到中文输入法，输入标题文本，输入的文字将出现在文档开头的光标处，随着文本的输入，光标会向右移动。

步骤 2 标题输入完毕后，按下"Enter"键（回车键），光标将定位到下一段落的开头处。

步骤 3 继续输入正文、落款和日期等内容，在输入过程中如果出现输入错误，可以按下"BackSpace"键删除后重新输入。

机或系统异常等情况而造成信息丢失。对于已经保存过的文档，在进行保存时会覆盖原文档，如果需要将文档另存，可在"文件"页面中执行"另存为"操作。

1.1.3 设置文本格式

在 Word 2016 中，默认的字体为"等线"，字号为"五号"，颜色为"黑色"，用户可以根据需要更改文档字体格式，以使文档更加清晰美观。

步骤1 ❶选中标题行文本；❷切换到"开始"选项卡；❸在"字体"组中设置字体为"黑体"，字号为"二号"。

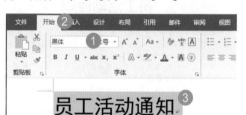

步骤2 ❶选中标题以外的所有文本；❷在"开始"选项卡中，设置字体为"仿宋"，字号为"小四"。

步骤4 通知内容输入完成后，单击左上角的"保存"按钮 🖫 保存文档。

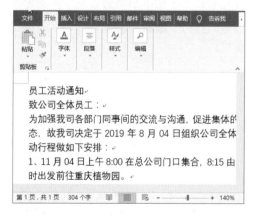

在文档编辑过程中，用户需要及时保存文档，以防止因断电、死

第 **1** 篇　Word 文档制作

1.1.4 设置段落对齐方式

段落对齐方式是指段落在文档中的排列位置，例如标题需要居中对齐，落款需要靠右对齐等，下面为通知文档设置对齐方式。

步骤1 ❶将光标定位到标题行段落中；❷切换到"开始"选项卡，在"段落"组中单击"居中对齐"按钮 ≡。

步骤2 ❶选中落款和日期文本；❷切换到"开始"选项卡，在"段落"组中单击"右对齐"按钮 ≡。

1.1.5 设置段落首行缩进

对于中文段落，通常讲究首行缩进2个字符，虽然使用在行首输入空格的方式也能实现首行缩进，但该方式既会增加工作量，也不规范，正确的设置方法如下。

步骤1 ❶选中需要设置段落缩进的文本，在选中的文本上单击鼠标右键；❷在弹出的快捷菜单中选择"段落"命令。

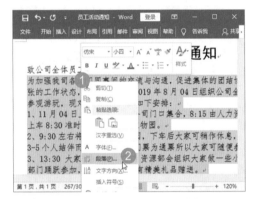

步骤2 ❶弹出"段落"对话框，在"缩进和间距"选项卡的"特殊"下拉列表中选择"首行"选项；❷单击"确定"按钮即可。

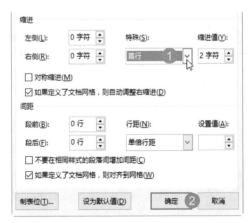

第1篇 Word 文档制作

 提示 在实际编辑过程中，可以先对需要设置首行缩进的第一个段落设置首行缩进，后面新添加的段落会自动应用首行缩进样式。

1.1.6 设置段落间距与行距

为了使文档疏密有致，通常需要对段落的间距和行距进行适当调整，段间距是指段落与段落之间的距离，行距是指单个段落中各行之间的距离，下面就对通知文档的段间距和行距进行设置。

步骤 1 ❶在标题行段落中单击鼠标右键；❷在弹出的快捷菜单中选择"段落"命令。

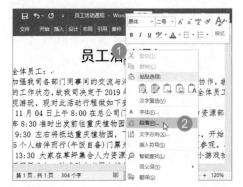

步骤 2 ❶弹出"段落"对话框，在"缩进和间距"选项卡的"间距"栏中设置"段前"和"段后"各为"1行"；❷单击"确定"按钮。

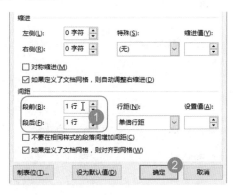

步骤 3 ❶选中标题行以外的所有段落，在选中的段落上单击鼠标右键；❷在弹出的快捷菜单中选择"段落"命令。

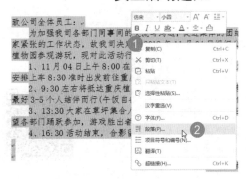

步骤 4 ❶弹出"段落"对话框，在"缩进和间距"选项卡的"行距"栏中设置行距值为"1.3 倍"；❷单击"确定"按钮。

步骤 5 案例最终效果如下图所示。

1.2 制作"劳动合同书"

劳动合同书是公司常用的文档资料之一。一般情况下，企业可以采用劳动部门制作的格式文本。也可以在遵循劳动法律及法规前提下，根据公司情况，制定合理、合法、有效的劳动合同书。

1.2.1 设置页面格式

为使劳动合同书更加规范。在制作劳动合同书之前，需要进行相关的页面设置，如设置页面大小、装订线、页边距等，以使其符合打印要求。

1. 设置纸张大小

通常情况下，文档纸张大小的设置应与实际使用的打印纸张大小相同，这样才能避免出现打印误差。文档默认的纸张大小为 A4，如果需要使用其他大小的纸张进行打印，可以更改文档纸张大小参数，方法如下。

步骤 1 ①新建 Word 文档，切换到"布局"选项卡；②单击"纸张大小"下拉按钮；③在弹出的下拉列表中可以直接选择一些常用的纸张类型。

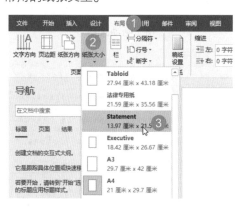

步骤 2 如果预设选项中没有符合要求的纸张大小，可以选择选项最下方的"其他纸张大小"命令。

步骤 3 ①弹出"页面设置"对话框，在"纸张"选项卡的"纸张大小"选项组中可以自定义纸张大小；②设置完成后单击"确定"按钮即可。

2. 设置页边距

页边距是文档四周的空白区域。页边距包括上、下、左、右的边距，如果默认的页边距不适合正在编辑的文档，可以通过设置进行修改。

步骤1 ❶切换到"布局"选项卡，单击"页面设置"组中"页边距"下拉按钮；❷在弹出的下拉列表中选择菜单底部的"自定义页边距"命令。

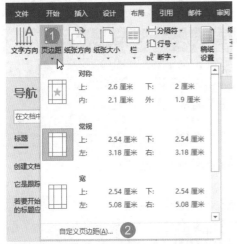

步骤2 ❶弹出"页面设置"对话框，在"页边距"选项卡的"页边距"选项组中，可以分别设置"上""下""左""右"4个方向的边距；❷设置完成后单击"确定"按钮即可。

技巧 对于对页形式的文档（如书籍），常常需要将页边距设置为对称形式，此时可以在"页面设置"对话框的"多页"下拉列表中选择"对称页边距"选项，即可分别设置内、外页边距。

1.2.2 编辑劳动合同书首页

设置好文档页面格式后，就可以进行正文内容的录入了，在录入过程中还需要对字体格式、段落格式等进行设置，下面进行详细讲解。

1. 输入首页内容

创建了文档之后，就可以开始在文档中输入劳动合同书的内容了，操作方法如下。

步骤1 切换到自己熟练的输入法，输入"编号："文本，然后按下"Enter"键进行换行，继续输入劳动合同书首页内容。

步骤2 ❶将光标定位到"编号："文本之后，单击"开始"选项卡"字体"组中的"下画线"按钮 **U**；❷在文本后输入空格。使用同样的方法，在其他需要手动填写的位置输入空白下画线。

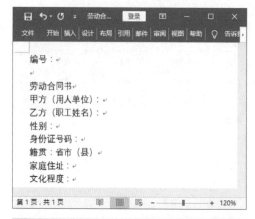

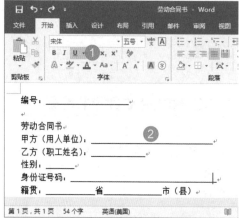

2. 编辑首页文字

输入劳动合同书首页文字后，需要对首页的文字格式进行相应的设置，包括字体、字号、行距等设置。

步骤1 ①选中首页中的所有文本；②在"开始"选项卡的"字体"组中设置字体为"宋体"，设置字号为"四号"。

步骤2 ①选中首页中的所有文本，单击"开始"选项卡"段落"组中的"行和段落间距"按钮；②在弹出的下拉列表中选择"3.0"选项。

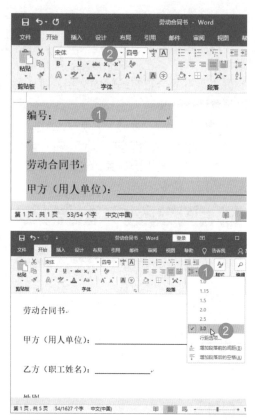

步骤3 ①选中"劳动合同书"文本；②设置字体为"黑体"，字号为"小初"；③单击"开始"选项卡"段落"组中的"居中"按钮；④单击"段落"组中的扩展功能按钮。

步骤 4 ❶弹出"段落"对话框，在"间距"选项组中设置"段后"距离为"2行"；❷单击"确定"按钮。

步骤 5 此时，劳动合同书首页便制作完成了，效果如下图所示。

编号：_____

劳动合同书

甲方（用人单位）：_____

乙方（职工姓名）：_____

性别：_____

身份证码码：_____

籍贯：_____省_____市（县）

家庭住址：_____

文化程度：_____

1.2.3 编辑劳动合同书正文

劳动合同书首页制作完成后，接下来开始制作劳动合同书正文。

1. 编辑正文

在录入和编辑文档时，有时需要从外部文件或其他文档中复制一些文本内容，例如本例将从素材文件中复制劳动合同书的内容并进行编辑。

步骤 1 ❶将光标定位到首页的末尾处；❷切换到"插入"选项卡，单击"页面"组中的"分页"按钮，使光标跳转到下一页。

家庭住址：_____

文化程度：_____

步骤 2 打开"劳动合同范文 .docx"素材文件，按下"Ctrl+A"组合键选择所有文本，然后按下"Ctrl+C"组合键复制文本。

步骤3 将光标定位到劳动合同文档第2页的顶端，按下"Ctrl+V"组合键粘贴文本。

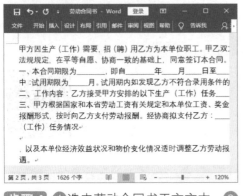

步骤4 ①选中劳动合同书正文文本；②在"开始"选项卡的"字体"组中将字体设置为"楷体"，字号为"小四"。

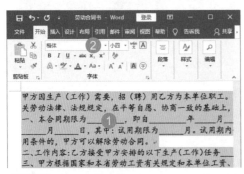

步骤5 ①选中劳动合同书文本，在选中的文本上单击鼠标右键；②在弹出的快捷菜单中选择"段落"命令。

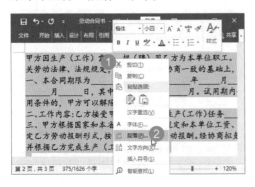

步骤6 ①弹出"段落"对话框，在"缩进和间距"选项卡的"特殊"下拉列表中选择"首行"；②设置"段前"和"段后"距离为"6磅"；③设置"行距"为"多倍行距"，设置值为"1.2"；④单击"确定"按钮。

2. 分栏排版

劳动合同书页尾的签名通常采用甲乙双方左右对称排版，此时可以使用分栏功能将其分为两栏排版。

步骤1 ①选中签名文本；②单击"布局"选项卡"页面设置"组中的"分栏"下拉按钮；③在弹出的下拉列表中选择"两栏"选项。

步骤2 设置完成后效果如下图所示，甲乙双方的签字行将呈左右两栏形式。

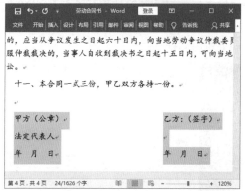

1.2.4 阅览劳动合同书

阅读模式是 Word 中专门用于文档阅读的视图模式，在阅读模式下用户只能浏览文档，而不能编辑文档，文档内容会自动适应窗口大小重新排版，以便用户在任意窗口大小中浏览文档。

步骤1 切换到"视图"选项卡，单击"视图"组中的"阅读视图"按钮。

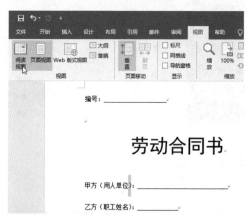

步骤2 进入阅读视图状态，单击左右的箭头 即可完成翻页。

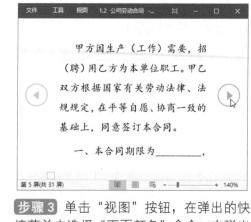

步骤3 单击"视图"按钮，在弹出的快捷菜单中选择"页面颜色"命令，在弹出的扩展菜单中可以选择页面背景颜色。

步骤4 ❶单击"视图"按钮，在弹出的快捷菜单中，选择"导航窗格"命令可以打开导航窗格；❷在其中切换到"页面"选项卡，可以选择要浏览的页面。

步骤5 单击"视图"按钮，在弹出的快

第 **1** 篇 Word 文档制作

捷菜单中选择"编辑文档"命令可以退出阅读模式，返回编辑模式。

1.2.5 打印劳动合同书

劳动合同书制作完成后，需要将其打印出来，以供公司使用，打印文档的方法如下。

步骤1 在文档的选项组中单击"文件"选项卡。

步骤2 在打开的"文件"页面中选择"打印"命令，进入"打印"界面，在右侧窗格中将显示打印预览效果，通过打印预览可以查看最终打印效果，滚动鼠标滚轮可以进行前后翻页。

步骤3 ❶确认无误后，在"打印机"列表中选择已安装的打印机，并设置打印份数、打印范围等参数；❷设置完毕后单击上方的"打印"按钮即可进行打印。

1.3 制作"员工行为规范"

员工行为规范是公司规章制度的具体要求形式，通常张贴在办公室中醒目的位置，用于随时提醒员工规范自己的行为。员工行为规范要求重点突出、条理清晰、字体醒目、言简意赅，能起到警示的作用。

1.3.1 设置正文格式

在制作员工行为规范文档前，可以先对光标处的文本格式和段落格式进行设置，这样输入的文本可以直接应用设置好的格式，从而免去许多重复的操作。

步骤 1 新建空白 Word 文档，将文档开头光标处的文本字体设置为"宋体"，字号为"小四"。

步骤 2 在光标处单击鼠标右键，在弹出的快捷菜单中选择"段落"命令。

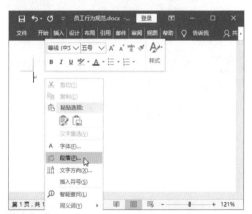

步骤 3 ❶弹出"段落"对话框，在"缩进和间距"选项卡中，设置"特殊"选项为"悬挂"；❷设置"缩进值"为"1.25厘米"；❸设置"行距"为"多倍行距"，

其"设置值"为"1.2"；❹单击"确定"按钮。

步骤 4 打开"行为规范范文 .docx"素材文件，按下"Ctrl+A"组合键选中全部文本，再按"Ctrl+C"组合键复制。

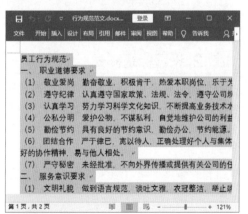

步骤 5 返回 Word 文档，在光标处单击鼠标右键，在弹出的快捷菜单中单击"只保留文本"按钮。

第 **1** 篇 Word 文档制作

13

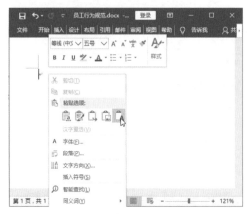

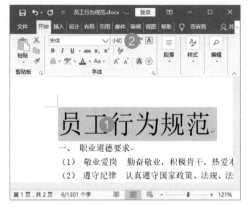

步骤6 复制的文本内容将以当前光标处的文本和段落格式粘贴到文档中。

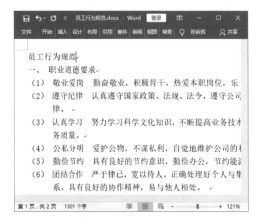

1.3.2 设置标题样式

文档主标题和节标题通常都拥有比较特别的字体样式，以使其更加醒目，下面分别为文档标题和节标题设置文本和段落样式。

步骤1 ❶选中首行的文档标题段落；❷设置字号为"小初"。

步骤2 ❶在"开始"选项卡的"字体"组中单击"文本效果和版式"下拉按钮 A̲；❷从弹出的下拉列表中选择一种艺术字样式。

步骤3 在选中的标题文本上单击鼠标右键，在弹出的快捷菜单中选择"段落"命令。

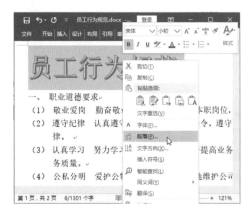

步骤 4 ❶弹出"段落"对话框，设置"对齐方式"为"居中"；❷设置"特殊"为"无"；❸设置"段前"和"段后"均为"16 磅"；❹单击"确定"按钮。

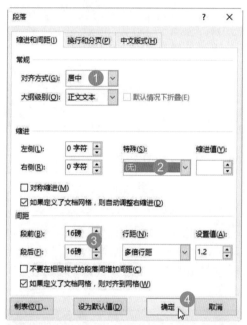

步骤 5 返回文档，选中第 2 行中的节标题文本段落，设置字体为"华文新魏"，字号为"三号"。

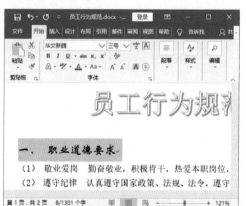

步骤 6 ❶打开其"段落"对话框，设置"对齐方式"为"居中"；❷设置"特殊"为

"无"；❸设置"段前"和"段后"均为"13 磅"；❹单击"确定"按钮。

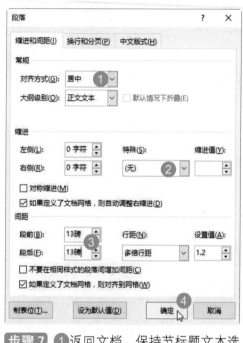

步骤 7 ❶返回文档，保持节标题文本选中状态不变，在"开始"选项卡的"段落"组中单击"边框"下拉按钮▦▾；❷在弹出的下拉列表中选择"边框和底纹"命令。

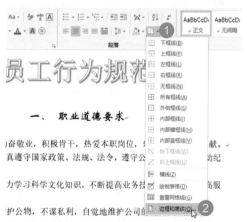

步骤 8 ❶弹出"边框和底纹"对话框，在"设置"组中选择"阴影"选项；❷在

"样式"组中选择一种边框样式；③在"颜色"组中选择一种边框颜色；④在"应用于"组中选择"文字"选项；⑤单击"确定"按钮。

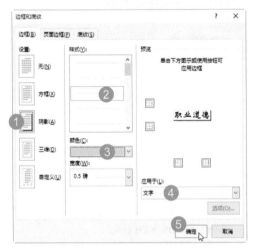

步骤 9 返回文档，保持文本选中状态不变，在"开始"选项卡的"剪贴板"组中双击"格式刷"按钮。

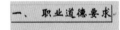

步骤 10 此时光标将变为 形状，依次选中各节的节标题段落，将第1小节中已经设置好的文本样式复制到其他小节标题上。全部应用完成后按下"Esc"键，取消格式刷状态。

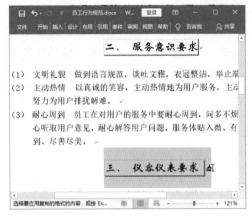

1.3.3 设置文档边框和底纹

为了使文档更加美观，我们可以为文档页面设置边框和底纹效果，方法如下。

步骤 1 ①切换到"设计"选项卡，单击"页面设置"组中的"页面颜色"下拉按钮；②在弹出的下拉列表中选择"填充效果"命令。

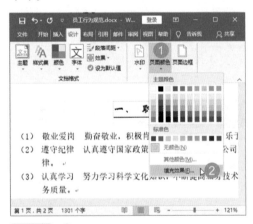

步骤 2 ①弹出"填充效果"对话框，切换到"纹理"选项卡；②在"纹理"列表中选择一个纹理作为页面背景图案；③单击"确定"按钮。

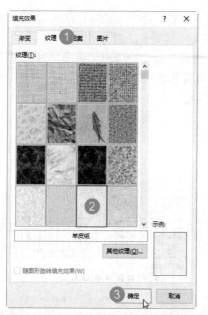

步骤 3 返回文档，单击"页面颜色"旁的"页面边框"按钮。

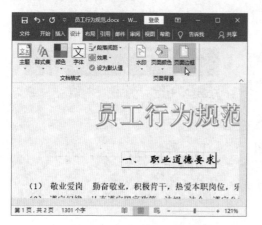

步骤 4 ① 弹出"边框和底纹"对话框，在"页面边框"选项卡的"设置"组中选择"方框"选项；② 在"颜色"组中选择一种边框颜色；③ 在"艺术型"组中选择一种边框样式；④ 单击"确定"按钮。

步骤 5 制作完成后，员工行为规范文档的最终效果如下图所式。

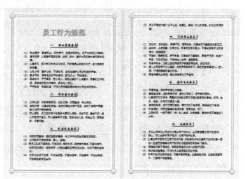

1.4 技能提升

📖 快速输入不认识的汉字

在使用 Word 编辑文档时，很可能遇到不认识却要输入的字，如果我们既不知道这个字的读音，也不会使用五笔输入法，此时可使用下面的小技巧进行输入。

第 **1** 篇　Word 文档制作

以输入"酸"字为例,我们先输入该字的偏旁部首"酉"(或与该字拥有相同偏旁部首的字)。接着将输入的字选中,切换到"插入"选项卡,单击"符号"组中的"符号"下拉按钮,在弹出的下拉列表中单击"其他符号"命令,弹出"符号"对话框,系统自动定位在"酉"字上,此时在"酉"字周围可看到我们需要的"酸"字。选中"酸"字,单击"插入"按钮,即可将该字插入到文档中。

📖 在文档中添加特殊符号

在输入文档内容的过程中,还可输入一些特殊文本。有些符号能够通过键盘直接输入,有的符号却不能,如 📖、✂ 和 ✈ 等,此时可通过插入符号的方法进行。

将鼠标定位在需要插入特殊符号的位置,切换到"插入"选项卡,单击"符号"组中的"符号"下拉按钮,在弹出的下拉列表中选择"其他符号"选项,弹出"符号"对话框,在"字体"下拉列表框中选择符号类型,在列表框中选中要插入的符号,单击右下角的"插入"按钮即可。

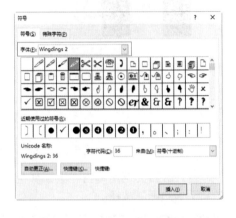

📖 在 Word 中输入数学公式

利用 Word 制作数学试卷时,输入公式是不可避免的情况,使用 Word 的公式功能,可以插入各种复杂的公式,切换到"插入"选项卡,在"符号"组中单击"公式" π 按钮,文档中将自动创建一个空白公式框架,并自动切换到"设计"选项卡,此时通过键盘或功能区输入公式内容即可。

📖 设置数值的上标与下标

在编辑文档的过程中,如果想输入诸如"X^2Y_3"之类的数据,就涉及设置上标或下标的方法,方法很简单,在文档中输入"X2Y3",选中要设置为上标的文字,这里选"2",在"开始"选项卡的"字体"组中单击"上标"按钮 $\mathbf{x}^2$,然后选中要设置为下标的文字,这里选中"3",然后单击"下标"按钮 $\mathbf{x}_2$ 即可。

📖 快速转换英文大小写

使用"Shift+F3"组合键可以快速转换英文字符的大小写，例如选中字符"office"，按下"Shift+F3"组合键，即可变为"OFFICE"

📖 输入带圈数字

如果希望在 Word 中输入带圈数字，如"①②③"等，只需单击"开始"选项卡"字体"组中的"带圈字符"按钮 ⓩ，在弹出对话框的"文字"文本框中输入数字、字符或文字，然后单击"确定"按钮即可。

📖 输入超大文字

在制作海报、启示、横幅等文档时，常常需要输入特别大的文字来吸引眼球，而在"字号"下拉列表中可选的最大字号为"初号"或"72 磅"，此时可以选中需要设置特大字号的文本，在"字号"文本框中手动输入需要的字号数值，例如"200"，完成输入后按下"Enter"键，选中的文本即可按输入的字号进行显示。

📖 制作首字下沉效果

首字下沉是一种段落修饰，可以将段落中的第一个字设置为不同的字号与字体，并进行下沉处理，该类格式在报纸、杂志中比较常见。设置首字下沉的方法如下。

选中段落的第一个字，切换到"插入"选项卡，在"文本"组中单击"首字下沉"下拉按钮，在弹出的下拉列表中选择"下沉"命令即可。如果要对下沉效果进行详细设置，可以选择"首字下沉选项"命令，然后在弹出的"首字下沉"对话框中进行设置即可。

公司简介

重庆长江通用泵业有限公司创建于 1983 年，固定资产过亿元，占地面积 100 多亩，员工 500 多人，下辖 3 个全资与控股子公司：重庆长江制泵有限公司，重庆长江节能技术有限公司，重庆长江自动化设备有限公司。重庆长江通用泵业有限公司是生产卧式、立式多级离心泵、自平衡多级离心泵、空调节能泵、锅炉给水泵、自吸泵等及自动供水成套设备的专业厂家，产品广泛应用于矿山、冶金、石化、建筑、水利等领域。

重庆长江制泵有限公司是生产水泵零配件的专业厂家，以铸造、机加工和模具制作为主，共 4 大生产车间，拥有 200 多台生产制造设备。

重庆长江节能技术有限公司致力于节能新产品的研发，是一家新型能源服务公司，公司按国际通用的合同管理（EPC）模式提供专业节能服务，专业推广流体输送高效节能技术，除在中央空调系统、厂矿工业循环水系统、热网系统的节能应用外，还从事泵类产品水利模型优化设计、大型风机等系

提示

应用首字下沉的段落最好不要设置"首行缩进"，否则会影响美观。

第2章

使用对象丰富文档

本章导读

在Word文档中，不但可以输入和编辑文本内容，还能插入各种对象，从而制作出更多类型的文档。这些对象包括图片、图形、艺术字和文本框等，本章将通过案例介绍如何使用对象美化文档。

案例导航

★ 制作"旅游景点宣传单"
★ 制作"店铺促销海报"
★ 制作"工作流程图"

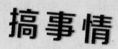

2.1 制作"旅游景点宣传单"

旅游景点宣传单是旅行社为了推广某条旅行线路而制作的广告宣传单，一张漂亮的宣传单可以激发游客旅游的兴致，从而提高销售业绩。

2.1.1 页面设置

在编辑宣传单内容前，需要先对页面进行一些设置，包括页边距、页面背景颜色等。

1. 修改页边距

为了在有限的版面内放入更多内容，我们首先需要更改页边距，方法如下。

步骤1 ❶新建空白文档，切换到"布局"选项卡，单击"页面设置"组中的"页边距"下拉按钮；❷在弹出的下拉列表中选择"自定义边距"命令。

步骤2 ❶弹出"页面设置"对话框，在"页边距"选项卡中设置"上""下""左"右页边距均为"1.5"；❷完成后单击"确定"按钮即可。

2. 设置页面背景颜色

通常宣传单都是彩色打印的，因此为页面背景选择一种颜色会使整个页面更加漂亮，设置页面背景颜色的方法如下。

步骤1 ❶切换到"设计"选项卡，单击"页面背景"组的"页面颜色"下拉按钮；❷在弹出的下拉列表中选择一种喜欢的页面颜色即可，如"绿色，个性色6，淡色60%"。

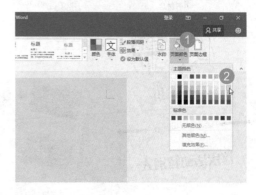

提示 在"页面颜色"下拉列表中选择"填充效果"命令，在打开的对话框中还可以对页面背景进行更多的设置，包括使用渐变色、纹理和图案进行填充等。

2.1.2 制作宣传单页头

宣传单页头应简单明了，并能明确体现出本次宣传的主题。页头制作的好坏，会直接影响到宣传效果。

1. 插入页头背景图片

宣传单页头背景图片的添加方法如下。

步骤1 切换到"插入"选项卡，单击"插图"组中的"图片"按钮。

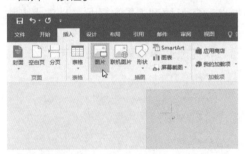

步骤2 ①弹出"插入图片"对话框，定位到本章素材文件文件夹，选中"页头.jpg"图像文件；②单击"插入"按钮。

步骤3 图片被插入到文档中，单击选中图片，向上拖动图片下方中间的控制圆点，调整图片形状为长条形。

步骤4 选中图片，切换到"格式"选项卡，在"图片样式"组的预设样式缩略图中选择一种图片样式，例如"柔化边缘矩形"。

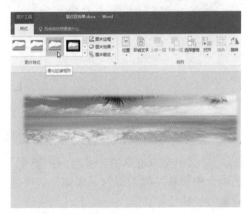

2. 插入艺术字标题

Word内置了许多艺术字样式，我们可以将标题文字设置为自己喜欢的艺术字，方法如下。

步骤1 ①切换到"插入"选项卡，单击"文本"组中的"艺术字"下拉按钮；②在弹出的下拉列表中选择一种喜欢的样式。

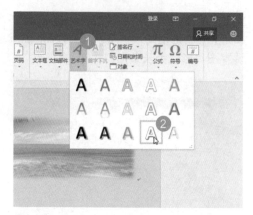

步骤 2 在插入的艺术字文本框中输入宣传单标题文字，并将艺术字文本框拖至下图所示的位置。

步骤 3 选中文本框中的艺术字，在"开始"选项卡中将其字体设置为"黑体"，字号设置为"初号"。

步骤 4 ❶选中艺术字文本，切换到"格式"选项卡，单击"艺术字样式"组中的"文本效果"下拉按钮；❷选择"映像"命令，在弹出的子菜单中选择一种映像效果。

步骤 5 切换到"插入"选项卡，再次单击"文本"组中的"艺术字"下拉按钮，在弹出的下拉列表中选择另一种艺术字样式，输入副标题文字，并将字号设置为"四号"，完成后的效果如下图所示。

3. 绘制分割线

利用分割线可以将页头内容与正文内容进行分开显示，从而丰富页面内容。

步骤 1 ❶在"插入"选项卡的"插图"组中，单击"形状"下拉按钮；❷在弹出的下拉列表中选择"直线"工具。

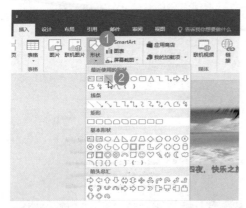

步骤 2 按住 "Shift" 键绘制直线, 结果如下图所示。

步骤 3 ①选中直线, 单击 "格式" 选项卡 "形状样式" 组中的 "形状轮廓" 下拉按钮; ②选择 "箭头" 选项; ③在其子菜单中选择一种箭头样式。

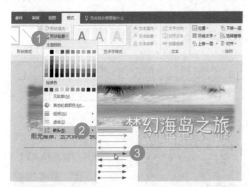

步骤 4 ①选中直线, 单击 "形状轮廓" 下拉按钮; ②在弹出的下拉列表中选择 "粗细" 选项; ③在其子菜单中选择 "4.5 磅"。

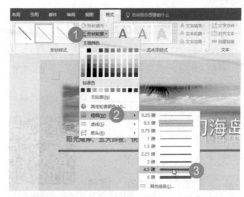

步骤 5 在直线上单击鼠标右键, 选择 "设置形状格式" 命令。在打开的 "设置形状格式" 窗格中, 选择 "渐变线" 单选项, 设置类型为 "线性", 方向为 "线性向右", 在 "渐变光圈" 选项组中, 分别设置 3 个色块的颜色。

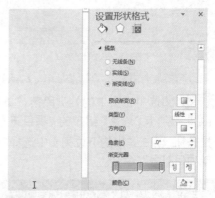

步骤 6 分割线效果如下图所示。

2.1.3 编辑正文内容

通常，一张漂亮的宣传单，都是由文本内容和图片内容组合而成的，下面我们介绍如何编辑正文内容。

1. 编辑正文文本

接下来首先编辑宣传单的文本内容，方法如下。

步骤 1 使用"Enter"键将光标调整到合适的位置，输入正文内容。

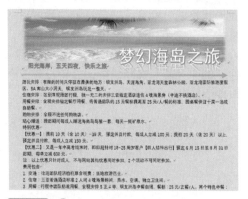

步骤 2 ❶选中正文中的并列段落，单击"开始"选项卡"段落"组中的"项目符号"下拉按钮；❷在弹出的下拉列表中选择"定义新项目符号"命令。

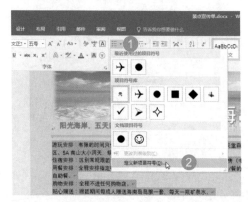

步骤 3 弹出"定义新项目符号"对话框，单击"符号"按钮。

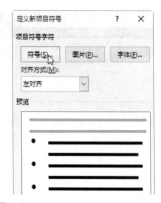

步骤 4 ❶弹出"符号"对话框，选择一个喜欢的图表作为项目符号；❷依次单击"确定"按钮返回。

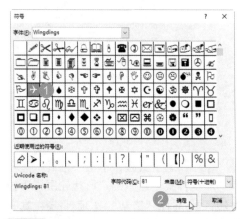

步骤 5 ❶选中后面的正文文本，单击鼠标右键；❷在弹出的快捷菜单中选择"段落"命令。

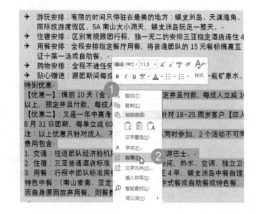

步骤6 ①弹出"段落"对话框，分别设置"段前"和"段后"的值为"0.5行"；②完成后单击"确定"按钮。

步骤7 正文内容格式设置完毕后的效果如下图所示。

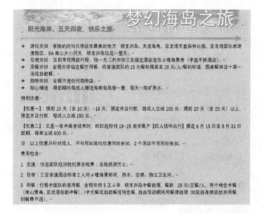

2. 插入图片

文本内容编辑完成后，就可以插入图片内容了，方法如下。

步骤1 将光标定位到文档末尾，切换到"插入"选项卡，单击"插图"组中的"图片"按钮。

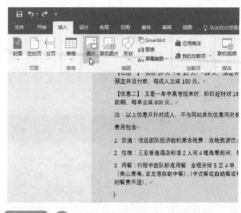

步骤2 ①弹出"插入图片"对话框，定位到本章素材文件文件夹，按住"Ctrl"键并依次选中"图片1.jpg""图片2.jpg""图片3.jpg"和"图片4.jpg"4个图像文件；②单击"插入"按钮。

步骤3 图片将被插入到文档中，拖动文档四周的控制点，调整好图片的大小。

步骤4 ❶选中第一张图片，在"格式"选项卡的"大小"组中，单击"裁剪"下拉按钮；❷在弹出的下拉列表中选择"裁剪为形状"选项；❸在展开的列表中选择"椭圆"形状。

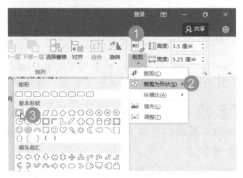

步骤5 此时所选图片已经变为了椭圆形状，单击"裁剪"按钮，拖动图片两边的黑色线条，将图片裁剪为圆形。

步骤6 单击文档空白处完成裁剪。使用同样的方法将其余图片裁剪为圆形。

步骤7 ❶选中其中一张图片，在"格式"选项卡的"图片样式"组中，单击"图片边框"下拉按钮；❷在弹出的下拉列表中选择"粗细"选项，子菜单中选择一种边框样式。

步骤8 ❶再次单击"图片边框"下拉按钮；❷在弹出的下拉列表中选择一种边框颜色。

步骤9 使用同样的方法，为其余图片添加边框。

3. 用餐：行程中团队标准用餐，全程安排5正4早，蜈支洲岛中特色中餐：(南山素斋、亚龙湾自助中餐)。(中式餐或自助餐或特因自身原因放弃用餐，则餐费不退)。

3. 设置图文混排

图片插入后，还需要设置其"嵌入方式"，以便实现图文混排。

步骤1 ①选中图片并单击鼠标右键；②在弹出的快捷菜单中选择"环绕文字"→"四周型"命令。

步骤2 此时图片由嵌入型变为了四周型，拖动图片放置到文本中合适的地方。

步骤3 使用同样的方法将其余图片嵌入方式调整为四周型，放置到相应的位置，并将图片调整为不同大小即可。

步骤4 案例最终效果如下图所示。

2.2 制作"店铺促销海报"

Word 虽然多用于文字处理，但将其用于平面设计方面，其实也是非常实用的，特别是对不会使用专业编版软件的读者而言，精通 Word 一个软件，也能做出能比肩专业编版软件的效果，本节我们就一起来学习如何用 Word 制作促销海报。

2.2.1 使用文本框输入文本

在 Word 中，除了在文档中的光标处输入文本外，还可以使用文本框在任意位置放置文本，从而设计出更自由的版式。

步骤 1 新建 Word 文档，切换到"布局"选项卡，在"页面设置"组中单击扩展功能按钮。

步骤 2 ❶弹出"页面设置"对话框，在"页边距"选项卡中设置"上""下""左""右"页边距均为"0"；❷完成后单击"确定"按钮。

提示 该操作的目的是，让读者不再将思路局限在一定的范围内，而是将整个文档页面作为一张画布来操作，这样可以更加自由地进行设计和创作，读者在制作这类文档时都可以这样来操作。

步骤 3 ❶切换到"设计"选项卡，在"页面背景"组中单击"页面颜色"下拉按钮；❷在弹出的下拉列表中选择一种页面背景颜色。

步骤 4 ①切换到"插入"选项卡,在"插图"组中单击"形状"下拉按钮; ②在弹出的下拉列表中选择"文本框"选项。

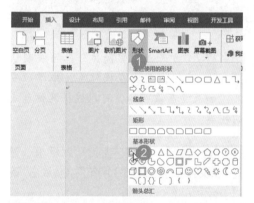

步骤 5 在文档中单击鼠标左键,创建一个文本框,在其中输入海报标题文本。

步骤 6 选中文本框中的文本,将字号设

置为"100",调整文本框高度使文本完全显示,并将文本框拖动到居中位置。

步骤 7 ①选中文本框,切换到"格式"选项卡,在"形状样式"组中单击"形状填充"下拉按钮; ②在弹出的下拉列表中选择"无填充"命令。

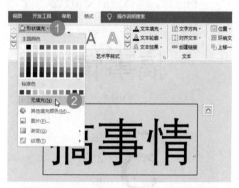

步骤 8 ①单击"形状轮廓"下拉按钮; ②在弹出的下拉列表中选择"无轮廓"命令。

步骤9 选中文本框，在其边界上单击鼠标右键，在弹出的快捷菜单中选择"设置为默认文本框"命令。

步骤10 使用同样的方法在文档中插入多个文本框并分别输入以下文字，分别调整好字号和位置，字体暂时使用默认字体。

2.2.2 美化文本

确定好基本版式以后，接下来对文本进行美化，方法如下。

步骤1 ❶选中标题文本，将字体设置为"方正正中黑简体"；❷在"开始"选项卡的"段落"组中单击"中文版式"下拉按钮；❸在弹出的下拉列表中选择"调整宽度"命令。

提示 "方正正中黑简体"非系统默认字体，需要在操作系统中单独安装，如果没有该字体，可以选择其他喜欢的字体。

步骤2 ❶弹出"调整宽度"对话框，设置"新文字宽度"为"3.3字符"；❷单击"确定"按钮。

步骤3 ❶保持文本选中状态不变，切换到"格式"选项卡，在"艺术字样式"组中单击"文本效果"下拉按钮；❷在弹出的下拉列表中选择"阴影"→"偏移：右"命令。

步骤 4 选中"限时特惠"文本，设置字体为"方正大黑简体"，字号为"一号"。

步骤 5 ❶切换到"格式"选项卡，在"艺术字样式"组中单击"文本轮廓"下拉按钮；❷在弹出的下拉列表中选择白色。

步骤 6 选中数字"5"，设置字体为"华

文细黑"，字号为"260"，颜色为"白色"，字形为"加粗"。

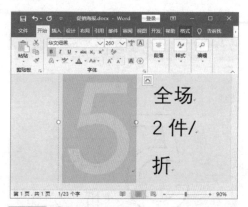

步骤 7 ❶切换到"格式"选项卡，在"文本轮廓"下拉列表中选择黑色；❷在弹出的下拉列表中设置轮廓粗细为"2.25 磅"。

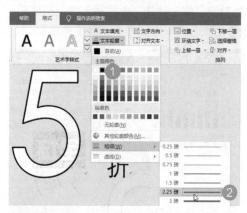

步骤 8 ❶单击"文本效果"下拉按钮；❷设置阴影效果为"偏移：右下"。

步骤9 选中文本"全场",设置字体为"方正综艺简体",字号为"初号",颜色为"白色"。

步骤10 ❶切换到"格式"选项卡,在"形状样式"组中单击"形状填充"下拉按钮;❷在弹出的下拉列表中选择黑色填充。

步骤11 分别选中"2件/"和"折"文本,设置字体为"方正粗倩简体",字号为"初号"。

步骤12 ❶设置英文文本字体为"黑体",字号为"小一";❷设置最下方的文本字体为"方正粗倩简体",字号为"初号"。

2.2.3 修饰文档

海报主体制作完成后,还可以添加一些修饰性的元素,对海报进行进一步美化,例如插入图片、形状,本案例中将使用Word内置形状对文档进行修饰。

步骤1 ❶切换到"插入"选项卡,在"插图"组中单击"形状"下拉按钮;❷在弹出的下拉列表中选择"等腰三角形"形状。

步骤 2 拖动鼠标在文档中绘制如图所示的形状，然后拖动图形上方的旋转"句柄"，旋转图形。

步骤 3 在"格式"选项卡中将形状设置为"白色填充、无轮廓"，然后配合"Ctrl"键将图形复制一份到下方，并旋转至如图所示的位置。

步骤 4 为上方的三角形形状设置阴影效

果为"偏移：右下"；为下方的三角形形状设置阴影效果为"偏移：左上"。

步骤 5 在"插入"选项卡的"插图"组中单击"形状"下拉按钮，在弹出的下拉列表中选择"箭头：右"形状。

步骤 6 在英文文本左侧绘制一个向右的箭头形状，并填充为黑色。

步骤 7 配合"Ctrl+Shift"组合键将箭头形状水平复制到右侧。

步骤8 ❶选中右侧的箭头形状，在"格式"选项卡的"排列"组中单击"旋转"下拉按钮；❷在弹出的下拉列表中选择"水平翻转"命令。

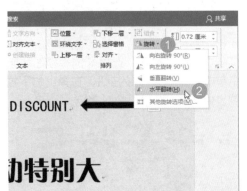

步骤9 至此，促销海报制作完成，最终效果如下图所示。

2.3 制作流程图

　　流程图是 Word 中 SmartArt 图形的一种，SmartArt 图形是由多个图形及文字组合而成的示意图，使用 SmartArt 图形可以简洁有效地表达对象之间的关系。流程图是一种按照事物先后顺序进行排列的图，本节将介绍如何使用 SmartArt 功能制作招聘流程图。

2.3.1 制作流程图标题

　　招聘流程图的标题是文档中起引导作用的重要元素，通常标题应具有醒目、突出主题的特点，同时可以为其加上一些特殊的修饰效果。

步骤1 ❶新建 Word 文档，在"插入"选项卡的"文本"组中单击"艺术字"下拉按钮；❷在弹出的下拉列表中选择一种艺术字样式。

步骤 2 在插入的艺术字文本框中输入标题文本，设置字体为"华文新魏"，然后将艺术字文本框拖拽到居中的位置。

步骤 3 ①切换到"格式"选项卡，在"艺术字样式"组中单击"文本效果"下拉按钮；②在弹出的下拉列表中选择"转换"子菜单中的"拱形"选项。

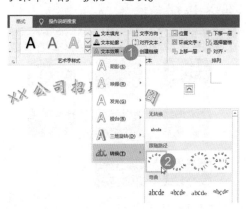

步骤 4 拖动艺术字文本框下方的控制点，调整艺术字的弧度。

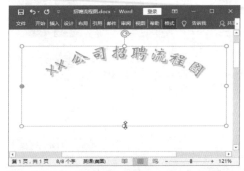

2.3.2 绘制流程图

清晰的流程图可以让人快速地了解工作流程，绘制流程图包括选择流程图模板、输入文字、添加形状等操作。

步骤 1 将光标定位到需要插入流程图的位置，切换到"插入"选项卡，单击"SmartArt"按钮。

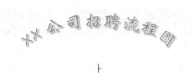

步骤 2 ①弹出"选择 SmartArt 图形"对话框，切换到"流程"选项卡；②在右侧列表中选择"基本蛇形流程"选项，完成后单击"确定"按钮。

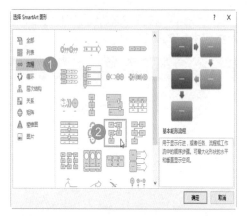

步骤 3 SmartArt 图形被插入到文档中，拖动图形四周的控制点可以调整图形的大小。

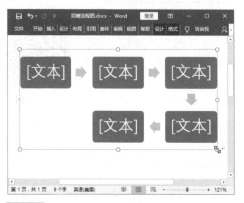

步骤 4 单击图形中的占位符文本可以将光标定位到图形中，然后输入需要的文字即可。

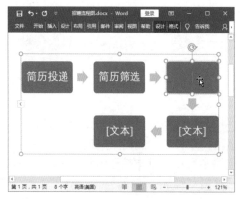

步骤 5 如果默认的图形数量不足，可以

在需要插入图形的相邻图形上单击鼠标右键，然后在弹出的快捷菜单中选择"添加形状"→"在后面添加形状"命令。

步骤 6 新添加的图形无法直接输入文本，需要在图形上单击鼠标右键，选择"编辑文字"命令，可将光标插入到图形中。

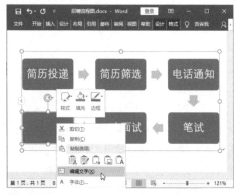

步骤 7 根据需要添加图形数量，输入相应的文本。

2.3.3 美化流程图

流程图以默认的格式插入文档中，用户在制作完成后，可以对流程图进行一定的修饰，如修改图形颜色、图形样式和字体样式等，以增加流程图的表现力。

步骤 1 ①选中流程图，在"设计"选项卡的"SmartArt 样式"组中单击"更改颜色"下拉按钮；②在弹出的下拉列表中选择一种颜色组合。

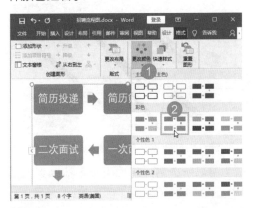

步骤 2 在右侧的"快速样式"列表框中选择一种形状样式。

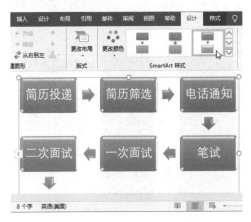

步骤 3 ①切换到"格式"选项卡，单击"艺术字样式"组的快速样式下拉按钮；②在弹出的下拉列表中选择一种艺术字样式。

2.3.4 应用图片填充流程图

在修饰 SmartArt 图形时，除了可以选用颜色填充之外，还可以在图形中加入图片，使 SmartArt 图形更具表现力。

步骤 1 ①选中"电话通知"图形；②切换到"格式"选项卡，在"形状样式"组中单击"形状填充"下拉按钮；③在弹出的下拉列表中选择"图片"命令。

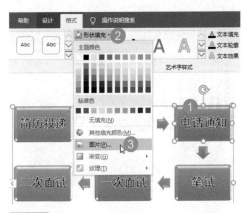

步骤 2 弹出"插入图片"窗口，单击"从文件"栏的"浏览"按钮。

步骤 3 ❶弹出"插入图片"对话框，在素材文件夹中选中"电话.png"图片文件；❷单击"插入"按钮。

步骤 6 ❶在搜索结果中选中要插入的图片；❷单击"插入"按钮。

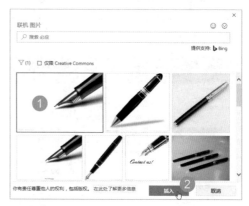

步骤 4 ❶选中"笔试"图形；❷单击"形状填充"下拉按钮；❸在弹出的下拉列表中选择"图片"命令。

步骤 7 所选图片将作为背景插入到图形中，案例最终效果如下图所示。

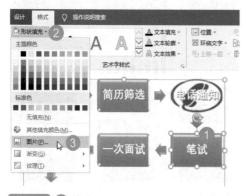

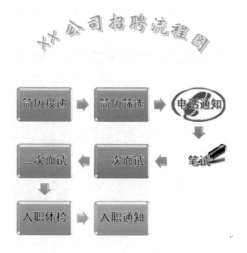

步骤 5 ❶弹出"插入图片"窗口，在"必应图像搜索"栏输入"钢笔"；❷单击其后的"搜索"按钮。

2.4 技能提升

快速设置图片外观效果

Word 中内置了多种图片外观样式,套用这些样式可以快速美化图片外观。选中图片,切换到"格式"选项卡,在"图片样式"组中单击"外观样式"下拉按钮,在弹出的下拉列表中单击某个样式选项,即可将其快速应用。

应用图片样式后,单击"图片边框"下拉按钮,在弹出的下拉列表中可以更改图片边框颜色。

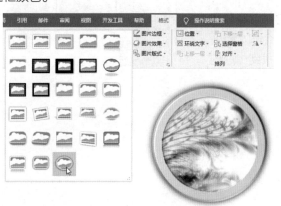 

让图形水平 / 垂直翻转

将图片或形状插入到文档后,还可以对其进行旋转,如旋转 90°、水平翻转等。操作方法为:选中要进行旋转的图形,切换到"格式"选项卡,单击"排列"组中的"旋转"下拉按钮,在弹出的下拉列表中选择"水平翻转"或"垂直翻转"命令即可。

快速插入电脑中的图片

通常情况下,要在文档中插入电脑中的图片,需要执行"插入"→"图片"命令,然后在弹出的对话框中找到要插入的图片才能将其插入。其实还有更便捷的方法,我们只需在文件夹窗口中选中并复制要插入的图片文件,然后返回文档,执行粘贴操作即可。

连续使用同一个形状工具绘图

在使用形状工具绘图时,绘制完一个图形后就会自动退出绘图工具的使用状态。如果需要连续使用同一绘图工具进行绘制,可以先锁定该工具再绘制图形。方法是:在"插入"选项卡的"形状"下拉列表中，用鼠标右键单击需要连续使用的绘图工具，在弹出的快捷菜单中选择"锁定绘图模式"命令即可。绘制完成后可按"Esc"键退出。

📖 将 SmartArt 图形保存为图片文件

利用 Word 中的 SmartArt 图形功能可以制作各种结构图或自绘制图形，我们可以将制作好的 SmartArt 图形保存为图片文件，以方便使用，方法如下。

将制作好的 SmartArt 图形复制到空白文档中，执行"另存为"命令打开"另存为"对话框，选择"保存类型"为网页，然后单击"保存"按钮。保存文件后在保存路径会看到一个和文档同名的文件夹，打开文件夹即可在其中找到生成的图片文件。

第 3 章

文档中的表格应用

本章导读

在制作Word文档时，用表格可以将各种复杂的多列信息简明、概要地表达出来。而通过图表，可以让用户更快、更清楚地了解表格中的数据变化。本章通过案例介绍在Word中使用表格的方法。

案例导航

- ★ 制作"个人简历"
- ★ 制作"公司开支统计表"

公司开支统计表

项目 季度	第一季度	第二季度	第三季度	第四季度
活动参展费	1500	6550	6500	6900
招聘费	6500	2300	2500	1500
办公耗费	8900	9200	8800	9600
差旅费	25630	29000	32000	26000
客户招待费	35460	32000	25000	36000
运输交通费	45500	26300	36500	25900
合计：	123490	105350	111300	105900

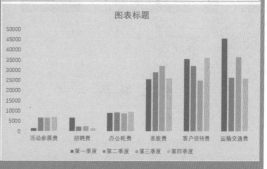

个人简历表格（求职意向、姓名、籍贯、性别、出生年月、学历、毕业学校、专业名称、婚姻状况、工作年限、联系电话、相片、通讯地址、教育经历、工作经历、个人技能、职业证书、个人评价）

3.1 制作"个人简历"

简历制作得好坏，直接影响到应聘效果。好的个人简历，可使招聘管理者眼前一亮，并能够耐心阅览。个人简历主要用于填写个人基本信息，具有非常重要的作用。下面以制作个人简历为例介绍 Word 中表格的使用方法。

3.1.1 表格的插入与调整

个人简历常常以表格的形式来呈现，下面介绍如何在文档中插入表格以及如何调整表格结构。

1. 表格的基本操作

Word 提供了可视化表格插入功能，可以快速插入一个简易的表格，方法如下。

步骤 1 新建"个人简历"文档，输入文档标题，并设置字体为"黑体"，字号为"二号"，对齐方式为"居中"。

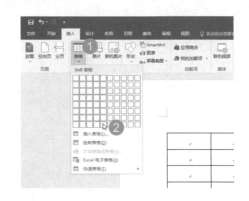

提示 在"表格"下拉列表的可视化表格插入模块中，最大只能插入一个 8 行 10 列的表格，如果希望插入更多行列数的表格，可以单击"插入表格"按钮，在弹出的对话框中手动输入要插入表格的行数和列数。

步骤 3 单击鼠标左键后，表格即可插入到文档中。

步骤 2 ❶将光标定位到下一行，单击"插入"选项卡"表格"组中的"表格"下拉按钮；❷在弹出的下拉列表中使用虚拟表格功能创建一个 5 列 8 行的表格。

步骤 4 如果要为表格添加行或列，可以将光标定位到需要插入行或列的单元格中，然后单击鼠标右键，在弹出的快捷菜单中的"插入"子菜单中进行选择即可。

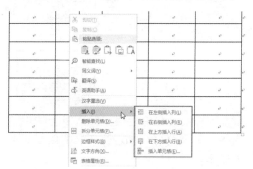

步骤 5 如果需要删除行或列，可以将光标定位到要删除的行或列中的任意单元格中，单击鼠标右键，在弹出快捷菜单中选择"删除单元格"命令，然后在弹出的对话框中选择"删除整行"或"删除整列"命令即可。

个 人 简 历

步骤 6 如果要删除整个表格，只需单击表格左上角的 🕀 图标选中整个表格，然后按下"BackSpace"键（退格键）即可。

个 人 简 历

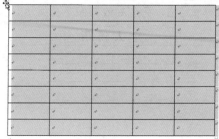

2. 调整表格结构

插入表格后，需要对表格的结构进行调整，方法如下。

步骤 1 拖动鼠标选中第 1 行中的第 2、第 3、第 4 个单元格，在选中的单元格上单击鼠标右键，在弹出的快捷菜单中选择"合并单元格"命令。

个 人 简 历

步骤 2 选中第 5 列中的第 1 至第 6 个单元格，在选中的单元格上单击鼠标右键，在弹出的快捷菜单中选择"合并单元格"命令。

个 人 简 历

步骤3 使用同样的方法合并其他需要合并的单元格，完成后效果如下图所示。

个 人 简 历

步骤4 拖动单元格边框调整好表格列宽，并根据实际内容需要在下方添加行，完成后的效果如下图所示。

个 人 简 历

3.1.2 填写表格内容

表格调整完毕后，用户可根据需要填写表格内容，方法如下。

步骤1 ①单击表格左上角的 ⊞ 图标选中所有单元格；②在"开始"选项卡中设置单元格字体为"黑体"，字号为"四号"；③设置段落对齐方式为"居中"。

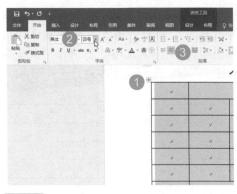

步骤2 依次在单元格中输入简历的相关内容，并调整好行高，完成后的效果如下图所示。

个 人 简 历

求职意向				相片
姓　名		籍　贯		
性　别		出生年月		
学　历		毕业学校		
专业名称		婚姻状况		
工作年限		联系电话		
通讯地址				
教育经历				
工作经历				

步骤3 将光标定位到"相片"单元格中，切换到"布局"选项卡，在"对齐方式"组中单击"水平居中"按钮。

个 人 简 历

	籍　贯		
	出生年月		相片
	毕业学校		
	婚姻状况		

步骤4 将光标定位到"相片"单元格中，切换到"布局"选项卡，在"对齐方式"组中单击"文字方向"按钮，将文字方向切换为竖直排列。

步骤5 将"相片"文本字号设置为"二号"，并在文字中间插入空格。

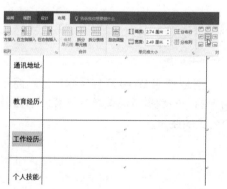

步骤6 将"通讯地址""教育经历""工作经历"等文本的单元格对齐方式设置为"水平居中"。

3.1.3 美化表格

表格内容设置完毕后，还可以对表格进行美化，包括为表格设置边框和底纹等，方法如下。

步骤1 切换到"设计"选项卡，在"边框"组的"边框样式"下拉列表中选择一种外框样式。

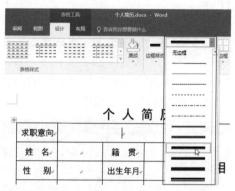

步骤2 此时鼠标变为 ✐ 形状，将鼠标移动到表格外边框上，按下鼠标左键进行绘制。

步骤3 使用同样的方法更改其余三边的边框样式，完成后的效果如下图所示。

个 人 简 历

求职意向				
姓 名		籍 贯		
性 别		出生年月		相
学 历		毕业学校		片
专业名称		婚姻状况		
工作年限		联系电话		
通讯地址				
教育经历				

步骤 4 ❶将光标定位到"求职意向"单元格,切换到"设计"选项卡,在"表格样式"组中单击"底纹"按钮;❷在打开的菜单中选择一种底纹颜色。

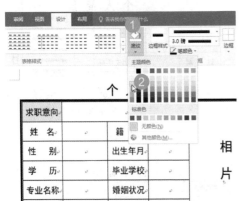

步骤 5 使用同样的方法为其余标题单元格设置底纹颜色,完成后的效果如右上图所示。

个 人 简 历

求职意向				
姓 名		籍 贯		
性 别		出生年月		相
学 历		毕业学校		片
专业名称		婚姻状况		
工作年限		联系电话		
通讯地址				
教育经历				

步骤 6 为表格标题设置一个段后距离,案例最终效果如下图所示。

个 人 简 历

求职意向				
姓 名		籍 贯		
性 别		出生年月		相
学 历		毕业学校		片
专业名称		婚姻状况		
工作年限		联系电话		
通讯地址				
教育经历				
工作经历				
个人技能				
职业证书				
个人评价				

3.2 制作"公司开支统计表"

在制作一些简单的办公报表或者统计表时,可以使用 Word 软件轻松制作。而且使用 Word 表格中的公式功能,也可以对表格中的一些数据进行简单的计算。下面以制作办公开支统计表为例,介绍 Word 表格中公式的使用。

3.2.1 插入表格

插入表格的方法有很多，除了前面介绍的快速创建表格的方法，我们还可以创建规定行、列数的表格，操作方法如下。

步骤1 ❶新建文档，切换到"插入"选项卡，在"表格"组中单击"表格"下拉按钮；❷在弹出的下拉列表中选择"插入表格"选项。

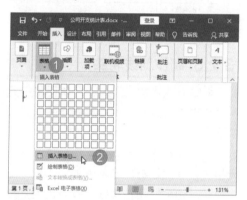

步骤2 ❶弹出"插入表格"对话框，在"表格尺寸"栏分别设置"列数"与"行数"，本例"列数"为"5"，"行数"为"8"；❷设置完成后单击"确定"按钮。

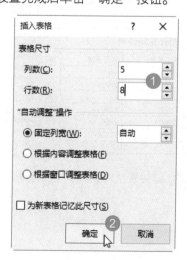

步骤3 ❶表格被插入到文档中，拖动鼠标选中第1行中的所有单元格；❷在"布局"选项卡的"合并"组中，单击"合并单元格"按钮，将首行单元格合并。

3.2.2 输入内容并设置格式

表格创建完成后，就可以开始输入表格内容，输入过程中，可以根据需要设置字体和格式，操作方法如下。

步骤1 ❶在首行表格中输入表格标题文本；❷在"布局"选项卡的"对齐方式"组中单击"水平居中"按钮。

公司开支统计表

步骤2 将光标定位到其他单元格中，输入相应的内容。

标左键即可选中该行，将该行中的表头字体设置为"华文细黑"。

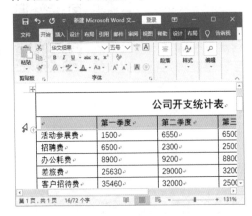

步骤 3 在输入过程中，如果发现行数不足，可以将光标定位到最后一行的外侧，然后按下"Enter"键，即可增加 1 行。

步骤 4 选中标题文本，在"开始"选项卡的"字体"组中将"字体"设置为"黑体"，"字号"设置为"四号"。

步骤 5 将光标定位到标题下方第一行的最左侧，当光标变为 ⤢ 形状时，单击鼠

3.2.3 制作斜线表头

斜线表头通常用于对一个单元格中的两个数据进行分隔，制作斜线表头的方法如下。

步骤 1 将光标定位到表头行的第 1 个单元格中，在"设计"选项卡的"边框"组中单击"边框"下拉按钮，在弹出的下拉列表中选择"斜下框线"命令。

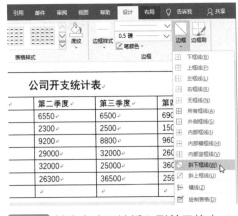

步骤 2 斜线表头即被插入到单元格中。

步骤3 ❶切换到"插入"选项卡,在"插图"组中单击"形状"下拉按钮;❷在弹出的下拉列表中选择"文本框"选项。

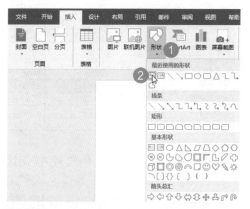

步骤4 拖动鼠标在文档中绘制一个文本框,并在其中输入斜线表头其中一边的文本内容。

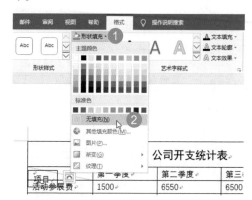

步骤5 ❶选中文本框,切换到"格式"选项卡,单击"形状填充"下拉按钮;

❷在弹出的下拉列表中选择"无填充"命令。

步骤6 ❶单击"形状轮廓"下拉按钮;❷在弹出的下拉菜单中选择"无轮廓"命令。

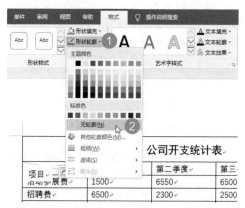

步骤7 将鼠标指向文本框边缘,在按住"Ctrl"键的同时单击鼠标左键拖动文本框,复制出另一个相同的文本框。

步骤7 在第2个文本框中输入斜线表头另一侧的文本内容，然后调整好两个文本框的位置即可。

公司开支统计表			
项目 ＼ 季度	第一季度	第二季度	第
活动参展费	1500	6550	65
招聘费	6500	2300	25
办公耗费	8900	9200	88
差旅费	25630	29000	32
客户招待费	35460	32000	25
运输交通费	45500	26300	36
合计：			

3.2.4 美化表格

表格制作完成后，用户可以对表格添加一些修饰，如添加边框和底纹等，以美化表格，操作方法如下。

步骤1 ① 将光标定位到标题单元格中，在"开始"选项卡的"段落"组中单击"底纹"下拉按钮；② 在弹出的下拉列表中选择一种底纹颜色。

步骤2 选中表头行，单击"底纹"下拉按钮，在弹出的下拉列表中选择另一种底纹颜色。

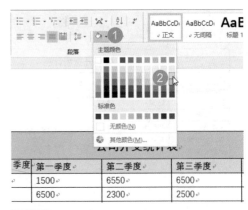

季度	第一季度	第二季度	第三季度
	1500	6550	6500
	6500	2300	2500

步骤3 选中第1列单元格，使用同样的方法设置与表头相同的底纹颜色。

公司开支统计表			
项目 ＼ 季度	第一季度	第二季度	第三季度
活动参展费	1500	6550	6500
招聘费	6500	2300	2500
办公耗费	8900	9200	8800
差旅费	25630	29000	32000
客户招待费	35460	32000	25000
运输交通费	45500	26300	36500
合计：			

步骤4 ① 单击表格左上角的 ⊞ 按钮选中整个表格，切换到"设计"选项卡，在"边框"组中单击"边框样式"下拉按钮；② 在弹出的下拉列表中选择一种边框样式。

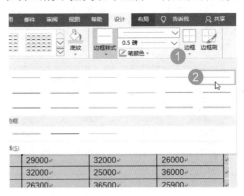

步骤5 ❶单击"边框"下拉按钮；❷在弹出的下拉列表中选择"内部框线"命令。

步骤6 ❶保持表格选中状态不变，在"边框样式"下拉列表中选择另一种边框样式；❷再次单击"边框"下拉按钮；❸在弹出的下拉列表中选择"外侧框线"命令。

3.2.5 统计表格数据

在 Word 表格中，用户也可以对表格数据进行简单的计算，方法如下。

步骤1 ❶将光标定位到合计行的第一个单元格中；❷单击"布局"选项卡"数据"组中的"公式"按钮。

步骤2 打开"公式"对话框，系统默认公式为求和公式，保持默认状态，单击"确定"按钮。

步骤3 返回文档中，即可查看到单元格中已经显示了"求和"后的结果值。

步骤 4 使用相同的方法计算出其他单元格中的合计信息即可。

公司开支统计表			
度 第一季度	第二季度	第三季度	第四季度
1500	6550	6500	6900
6500	2300	2500	1500
8900	9200	8800	9600
25630	29000	32000	26000
35460	32000	25000	36000
45500	26300	36500	25900
123490	105350	111300	105900

3.2.6 插入图表

为了更加直观地展示表格中的数据，可以在文档中插入相关的图表内容，操作方法如下。

步骤 1 将光标定位到表格下方，在"插入"选项卡的"插图"组中单击"图表"按钮。

公司开支统计表			
季度	第一季度	第二季度	第三
活动参展费	1500	6550	6500
招聘费	6500	2300	2500
办公耗费	8900	9200	8800
差旅费	25630	29000	3200
客户招待费	35460	32000	2500
运输交通费	45500	26300	3650
合计	123490	105350	1113

步骤 2 ❶弹出"插入图表"对话框，在左侧列表中选择"柱形图"选项；❷在右侧选择"簇状柱形图"选项；❸完成后单击"确定"按钮。

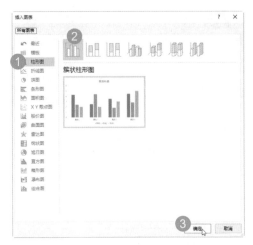

步骤 3 返回文档中即可看到图表已经创建，并且自动在 Word 中创建了一个 Excel 表格。

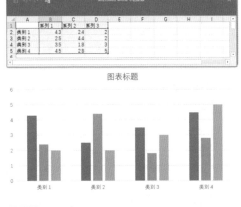

提示 插入的图表同图片一样，可以调整大小，设置对齐方式和文本环绕方式等。

步骤 4 将 Word 表格中的数据复制到 Excel 表格中。

步骤 5 图表中的数据将自动完成更新。

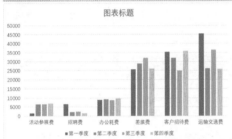

步骤 6 ①选中图表，切换到"格式"选项卡，在"形状样式"组中单击"形状填充"下拉按钮；②在弹出的下拉列表中可以为图表添加背景颜色。

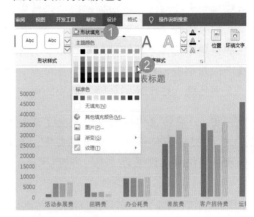

3.3 技能提升

📖 固定表格标题行

在 Word 中编辑表格时，如果表格有多页，默认情况下标题行只在第一页表格中显示，这样就会导致一些阅读上的困难。因此，为了能够更加方便地阅读表格，应对表格设置标题行重复。

设置表格标题行重复的操作步骤为：将光标定位在标题行中，切换到"布局"选项卡，然后单击"数据"组中的"重复标题行"按钮即可。

让表格与文本实现绕排

默认情况下，在 Word 中插入的表格是嵌入型的，即表格两侧无法编排文字，如果需要实现表格与文本的绕排，可以通过以下设置来实现。

在表格中任意位置单击鼠标右键，在弹出的快捷菜单中选择"表格属性"命令，弹出"表格属性"对话框，切换到"表格"选项卡，然后在"文字环绕"栏选择"环绕"选项即可。

提示　如果误操作将表格设置为了环绕模式，这时表格旁边就会出现文字，此时只需将表格环绕模式设置为"无"即可。

将表格一分为二

在制作表格时，有时会遇到需要将一个表格拆分为两个子表的情况，可以通过下面的方法来完成。选中需要拆分表格区域，在"布局"选项卡的"合并"组中单击"拆分表格"命令即可。

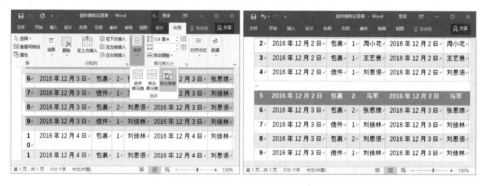

第 4 章

长文档编排

本章导读

在实际工作中，常常需要编辑一些长文档，如规章制度、说明书、论文、书籍以及合同等，其中有大量标题和正文段落格式需要设置，如果使用常规方法将非常烦琐。本章将对长文档编排的相关操作和技巧进行介绍。

案例导航

★ 排版"毕业论文"

★ 制作"员工手册"

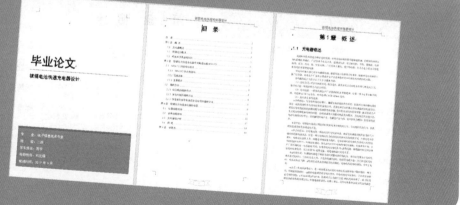

4.1 排版"毕业论文"

毕业论文是高等教育过程中对毕业生集中进行科学研究训练而要求学生在毕业前撰写的论文。毕业论文是一种常见的长文档，这类文档通常分为多个章节，拥有多个不同级别的标题和正文段落。本节通过介绍毕业论文排版，来学习如何对长文档进行编排。

4.1.1 运用样式编排文档

在编排长文档时，往往需要对许多段落应用相同的文本和段落格式，此时可以使用"样式"来快速设置段落格式，从而避免大量重复性的操作。

1. 应用系统默认样式

"段落样式"是指一个段落中字体、字号、字符颜色、段落缩进、对齐方式、段间距、行距以及边框和底纹等一系列格式设置的组合。使用段落样式可以快速对文档段落进行格式设置，方法如下。

步骤1 打开"论文素材.docx"素材文件，在"开始"选项卡中单击"样式"组中的扩展功能按钮，打开"样式"窗格。

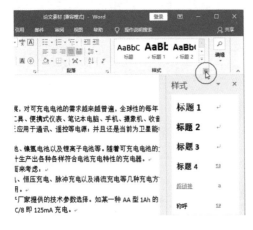

步骤2 ❶将光标定位到文档第一行文本中；❷在"样式"窗格中找到并单击"标题1"样式。

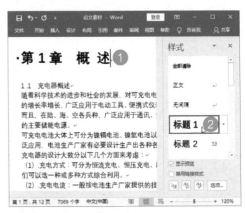

步骤3 ❶将光标定位到第2行文本中；❷在"样式"窗格中单击"标题2"样式。

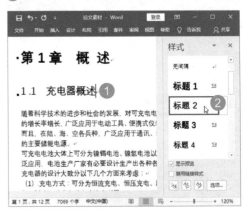

步骤 4 使用同样的方法，对其他各个标题段落应用相应的标题样式，其中"2.1.1""2.1.2"等3级标题段落应用"标题 3"样式。

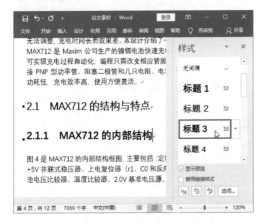

提示 在应用标题样式时，各级别标题应对应相应级别的标题样式，且各级别之间为包含关系，例如"第 1 章"章标题对应"标题 1"样式，"1.1"节标题对应"标题 2"样式，"1.1.1"小节标题对应"标题 3"样式等。

2. 修改默认样式

如果对默认的段落样式不满意，可以对样式进行修改，方法如下。

步骤 1 ❶ 在"样式"窗格中，将鼠标指向"标题 1"样式，单击名称后面出现的下拉按钮；❷ 在打开的下拉列表中选择"修改"命令。

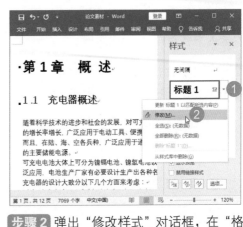

步骤 2 弹出"修改样式"对话框，在"格式"选项组中设置字体为"黑体"，字号为"一号"，并取消默认选中的"加粗"选项 **B**。

步骤 3 ❶ 单击后面的"中文"下拉按钮，在弹出的下拉列表中选择"西文"选项；❷ 设置字体为"黑体"。

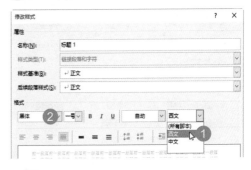

提示 在段落样式中可以分别对段落中的中、西文本设置不同的字体，

其中"中文"代表汉字文本，"西文"代表英文和数字。

步骤4 ❶单击左下角的"格式"下拉按钮；❷在弹出的下拉列表中选择"段落"命令。

步骤5 ❶弹出"段落"对话框，设置"对齐方式"为"居中"；❷设置"段前"和"段后"为"20磅"；❸依次单击"确定"按钮保存设置。

步骤6 返回文档，可以看到所有应用了"标题1"样式的标题段落已经自动更新为修改后的"标题1"样式。

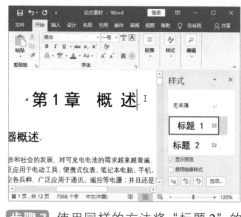

步骤7 使用同样的方法将"标题2"的中文、西文文本格式修改为"黑体，小二"。"标题3"的中、西文文本格式为"黑体，四号"，完成后的效果如下。

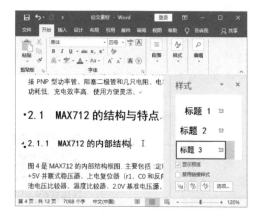

3. 新建样式

文档内置的样式通常不能满足我们的使用需求，因此还需要新建一些样式，新建样式的方法如下。

步骤1 ❶将光标定位到正文文本中；❷在"样式"窗格中单击下方的"新建样式"按钮 。

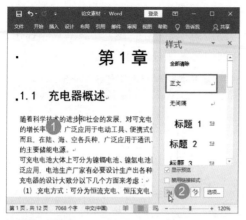

步骤2 ①弹出"修改样式"对话框，在"名称"栏输入"正文缩进 2 字符"；②设置中文字体为"宋体"，西文字体为"Times New Roman"；③单击左下角的"格式"下拉按钮；④在弹出的下拉列表中选择"段落"命令。

步骤3 ①弹出"段落"对话框，在"特殊"选项组中选择"首行"选项，设置"缩进值"为"2 字符"；②"行距"设置值为"1.1"；③依次单击"确定"按钮保存设置。

步骤4 返回文档，可以看到，新建的"正文缩进2字符"段落样式已经出现在"样式"窗格中，且光标所在的正文段落已经自动应用了该段落样式。

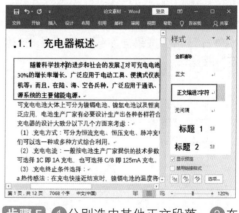

步骤5 ①分别选中其他正文段落；②在"样式"窗格中单击"正文缩进 2 字符"应用样式。

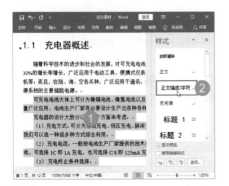

步骤6 ❶ 在论文中找到并选中任意一张图片；❷ 再次单击"新建样式"按钮 🔲。

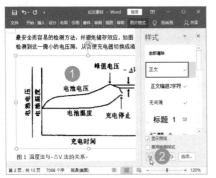

步骤7 ❶ 在打开的"修改样式"对话框中，设置样式"名称"为"图片"；❷ 在"格式"栏单击"居中"按钮 ≡；❸ 完成后单击"确定"按钮。

步骤8 返回文档，可以看到该图片已经自动应用了新建的"图片"样式居中显示，依次对其他图片应用"图片"样式。

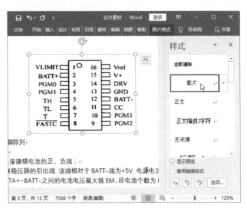

步骤9 使用同样的方法新建一个名为"图题"的样式，设置该样式的字体为"黑体"，字号为"小五"，对齐方式为"居中"。完成后，再分别对每张图片下方的图题段落应用"图题"样式。

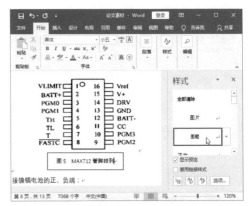

至此，文档的样式设置就基本完成了。在实际操作中，用户可以根据实际需要创建更多不同的段落样式，例如可以为表格内的文本设置一个段落样式。或者，为注释性文本设置一个段落样式等。此外，用户应该在写作前完成文档基本样式的设置，以便在写作过程中直接应用。

4.1.2 使用文档结构图

在编排长文档时，需要随时了解文档的目录结构，于是不得已地在不同的章节之间跳转，使用拖动文档页面的方法来查看文档内容，会十分不便。此 时我们可以通过文档结构图来快速查看和选择文档的章节，这对于几十页甚至几百页的文档来说，是一个非常实用和便捷的功能。

步骤 1 对文档中的所有标题段落应用对应级别的标题样式。

步骤 2 切换到"视图"选项卡，在"显示"组中勾选"导航窗格"复选框。

步骤 3 ❶窗口左侧将打开"导航"窗格，在"导航"窗格中切换到"标题"选项卡，即可看到文档的目录结构；❷单击某个目录标题，即可跳转到该章节。

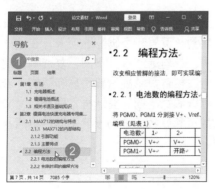

步骤 4 在文档结构图中单击标题前的三角形图标，可以隐藏或展开其子标题。

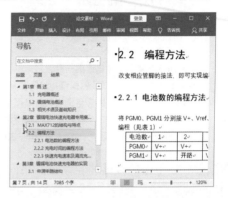

4.1.3 使用格式刷复制样式

当文档中有多个相同样式的段落需要应用某个段落样式时，除了可以在"样式"窗格中依次为各个段落应用 样式外，还可以使用格式刷快速复制样式，方法如下。

步骤 1 ❶将光标定位到已经应用某个段落样式的"样本段落"中；❷在"开始"选项卡的"剪贴板"组中双击"格式刷"按钮。

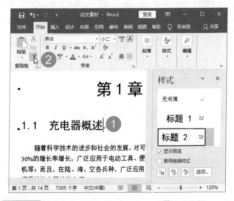

步骤 2 此时鼠标将变为"▨I"形状，依次单击需要应用该段落样式的段落。

第 *1* 篇　Word 文档制作

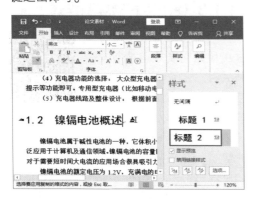

图 1 温度法与

（4）充电器功能的选择：大众型充电器
提示等功能即可。专用型充电器（比如移动电

（5）充电器线路及整体设计：根据前面

1.2 镍镉电池概述

镍镉电池属于碱性电池的一种，它体积小
泛应用于计算机及通信领域。镍镉电池的容量I
对于需要短时间大电流的应用场合很具吸引大

镍镉电池的额定电压为 1.2V，充满电的E
充电时，电池上的电压可达 1.7V 左右，但充满

步骤 3 被单击的段落将自动应用相同的
段落样式。格式刷使用完毕后按"Esc"
键退出即可。

如果是单击"格式刷"按钮，则
格式刷只能使用一次；而双击"格
式刷"按钮则可以连续使用，从而快速对
多个不连续的段落应用相同的段落样式。

4.1.4 制作页眉和页脚

页眉和页脚作为文档的辅助内容，在
文档中的作用非常重要。页眉是指页边距
的顶部区域，通常显示文档名、章节标题
等信息。页脚是页边距的底部区域，通常
用于显示文档页码。

1. 编辑页眉和页脚

要对页眉或页脚进行编
辑，只需双击页眉或页脚区
域，即可进入页眉和页脚编
辑状态，此时光标将定位到

页眉或页脚中。我们可以在页眉或页脚区
域中输入需要的内容。

页眉和页脚的编辑方法同正文相似，
除了可以输入文字信息，还可以插入图片、
文本框和形状等对象。页眉和页脚编辑完
成后，可双击正文编辑区域或单击"页眉
和页脚"选项卡中的"关闭页眉和页脚"
按钮，即可退出页眉和页脚编辑状态。

对文档中的任意一页进行页眉或
页脚的编辑后，页眉和页脚中的
内容会自动出现在文档所有页面中。

进入页眉和页脚编辑状态后，会自动
切换到"页眉和页脚"选项卡，在该选项
卡中，若勾选"首页不同"复选框，则可
以为文档首页单独设置页眉和页脚；若勾
选"奇偶页不同"复选框，则可以为文档
奇数页和偶数页分别设置不同的页眉和页
脚。

镍镉电池快速充电器设计

·第1章 概述·

.1.1 充电器概述.

> **提示** "奇偶页不同"选项一般用于图书、杂志等需要"对页装订"的文档，选中该选项后，可以分别对奇数页和偶数页设置不同的页眉和页脚。

2. 添加页码

如果一篇文档含有很多页，为了打印后便于整理和阅读，应对文档添加页码。添加页码的方法如下。

步骤1 ❶双击页眉或页脚编辑区域进入页眉或页脚编辑状态，在"页眉和页脚"选项卡中单击"页码"下拉按钮；❷在弹出的下拉列表中选择需要的页码位置和样式即可，例如选择"页面底端"组中的"带状物"选项。

步骤2 插入页码后，会自动跳转到页码所在区域，可以看到页码已经插入到文档中，单击"关闭页眉和页脚"按钮即可。

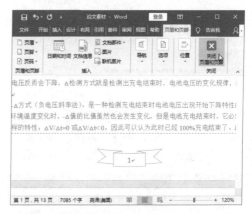

4.1.5 制作目录与封面

对于一篇完整的长文档来说，目录和封面必不可少，在 Word 中可以非常快捷地完成目录和封面的制作，下面分别进行讲解。

1. 制作文档目录

目录是文档标题和对应页码的集中显示，而制作文档目录的过程就是对文档标题及其对应页码的提取过程。在"样式"窗格中，"标题1""标题2""标题3"等内置样式均属于标题样式，应用了这些样式的段落均可以被文档作为标题引用到目录中。提取文档目录的方法如下。

步骤1 在文档开头插入一空白行，输入文本"目 录"，并应用"标题1"样式。

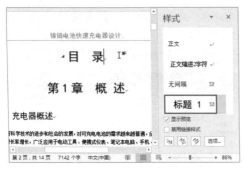

步骤2 ❶将光标定位到"第1章"文本前；❷在"插入"选项卡的"页面"组中单击"分页"按钮，将目录页单独划分为一页。

步骤3 ❶将光标定位到"目 录"文本段落下方，切换到"引用"选项卡，单击"目录"下拉按钮；❷在弹出的下拉列表中选择"自定义目录"命令。

步骤4 ❶弹出"目录"对话框，在"常规"栏设置需要提取的目录级别，这里默认设置为"3"；❷取消勾选"使用超链接而不使用页码"复选框；❸单击"确定"按钮。

步骤5 返回文档，即可看到目录已经插入到文档前部。

2. 制作文档封面

对于个人简历、毕业论文、策划书或投标书等文档来说，一个好的封面对于文档的专业性和美观性都非常重要。封面设计是一项比较专业的技能，因此对于初学者来说，可以先使用文档内置的一些封面模板，从而快速完成封面的制作。

步骤1 ①将光标定位到"目 录"文本前，在"插入"选项卡的"页面"组中单击"封面"下拉按钮；②在打开的下拉列表中选择一种自己喜欢的封面模板。

步骤2 所选封面模板将被插入到文档首页，选中占位符，可以在其中输入需要的文本。

步骤3 将占位符中的文本更换为需要的文字，并根据需要修改文本格式，完成后的效果如下。

步骤4 至此，毕业论文的编排就全部完成了，案例的最终效果如下图所示。

4.1.6 文档修订与批注

对于一些专业性较强或非常重要的文档，在由作者编写完成后，一般还需要通过审阅者进行审阅。在审阅文档时，通过修订和批注功能，可对原文档中需要修改的地方进行标注和批示。

1. 修订文档

使用修订功能可以自动记录文档修改痕迹，从而让原作者可以非常清楚地看到文档中发生变化的部分。修订文档的方法如下。

步骤1 切换到"审阅"选项卡，在"修订"组中单击"修订"按钮，开启修订功能。

镍镉电池快速充电器设计

第1章 概 述

.1.1 充电器概述

随着科学技术的进步和社会的发展，对可充电电池的需求越来越普遍，全球30%的增长率增长，广泛应用于电动工具、便携式仪表、笔记本电脑、手机、

步骤2 开启"修订"功能后，即可直接对文档内容进行修改，所有修改过程都会被记录下来。在被修改过的文档左侧将以红色竖线进行标注，单击该竖线可以查看修订信息，再次单击该竖线可以隐藏修订内容。

.1.1 充电器概述

随着科学技术的进步和社会的发展，对可充电电池的需越普遍，全球性的每年以30%的增长率增长，广泛应用于电脑、手机、摄象机摄像机、收音机等；而且，在陆、海、空等电源；并且还是当前为卫星能源系统的主要储能电源。

可充电电池大体上可分为镍镉电池、镍氢电池以及锂离量广泛应用，电池生产厂家有必要设计生产出各种各样符合充电器的设计大致分以下几个方面来考虑：

（1）充电方式：可分为恒流充电、恒压充电、脉冲充电我们可以选一种或多种方式综合利用。

（2）充电电流：一般按电池生产厂家提供的技术参数选池，可选择1C即1A充电，也可选择C/8即125mA充电。

（3）充电终止条件选择：

步骤3 在修订的内容上单击鼠标右键，在弹出的快捷菜单中，用户可以选择接受或者拒绝该修订。

.1.1 充电器概述

随着科学技术的进步和社会的发展，求越来越普遍，全球性的每动工具、陆、海、空各兵种，等电源。

可充电电池大体上可种各样符合电池充电器的设计大

（1）充电方式：脉冲充电以及涡流我们可以选一种或多的技术参数选择。如池，可选择1C即1A 5mA充电。

（3）充电终止条

2. 为文档添加批注

"批注"是文档审阅者与作者之间书面沟通的方式，审阅者可将自己的见解以批注的形式插入到文档中，供作者查看和参考。插入批注的方法如下。

步骤1 ①将光标定位到需要插入批注的位置，或选中需要进行批注的文本；②切换到"审阅"选项卡，在"批注"组中单击"新建批注"按钮。

第1章 概 述

.1.1 充电器概述 ①

随着科学技术的进步和社会的发展，对可充电电池的需求越来越普遍，30%的增长率增长，广泛应用于电动工具、便携式仪表、笔记本电脑、手机；而且，在陆、海、空各兵种，广泛应用于通讯、遥控等电源；并且还源系统的主要储能电源。

可充电电池大体上可分为镍镉电池、镍氢电池以及锂离子电池等。随着

步骤2 此时在文档右侧将出现批注框，并使用连接线与文本链接，在批注框中输入批注内容即可。

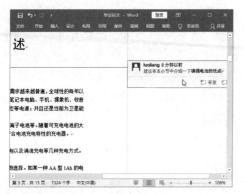

步骤 3 作者在查看批注后，可以单击"答复"按钮，在批注框中对批注进行回复。

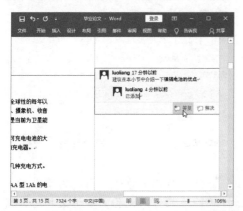

步骤 4 如果要删除该批注，只需在该批注中单击鼠标右键，然后在弹出的快捷菜单中选择"删除批注"命令即可。

4.2 制作"员工手册"

员工手册是公司规章制度最常见的体现形式，通常公司员工都会人手一份。下面将制作一个员工手册文档，其中包括员工手册的封面、目录和详情等内容，通过本案例，可以了解长文档的制作过程。

4.2.1 页面设置

员工手册通常会做成小册子的形式分发到员工手中，因此在文档制作前首先需要对文档页面进行设置，包括纸张大小和页边距等，方法如下。

步骤 1 ❶新建一个名为"员工手册"的Word 文档，切换到"布局"选项卡，在"页面设置"组中单击"纸张大小"下拉按钮；❷在弹出的下拉列表中选择"其他纸张大小"命令。

在实际操作中，用户应先确定文档实际打印纸张的大小，再在文档中进行相应的参数设置，因为并非所有的纸张大小设置都能找到相应大小的纸型。

步骤2 弹出"页面设置"对话框，在"纸张"选项卡中设置纸张宽度为"11 厘米"，纸张高度为"14.6 厘米"。

步骤3 ① 切换到"页边距"选项卡；② 设置"多页"选项为"对称页边距"；③ 设置上边距为"1 厘米"，下边距为"1.5 厘米"，内侧边距为"1.3 厘米"，外侧边距为"1 厘米"；④ 单击"确定"按钮。

"对称页边距"用于需要进行对页装订的文档，这类文档通常需要为文档内侧和外侧设置对称的页边距，而使用常规的左右页边距设置则无法实现。

4.2.2 制作封面

为员工手册制作一个好看的封面，既能提升员工手册的专业性，还能美化员工手册。用户可以使用 Word 内置的封面，也可以自己设计一个好看的封面。下面介绍如何制作一个简单的封面。

步骤1 ① 切换到"插入"选项卡，在"页面"组中单击"封面"下拉按钮；② 在弹出的下拉列表中选择"切片（深色）"式封面。

步骤2 所选封面将被当作文档首页，选中封面，拖动四周的控制点使封面背景完全覆盖整个文档页面。

> **提示** 在拖动封面边缘的过程中，当封面背景边缘与文档页面边缘重合时，会出现绿色的提示线。

步骤3 选中"文档标题"占位符，在其中输入"员工手册"文本。

步骤4 选中"文档副标题"占位符，在其中输入公司名称，然后分别为标题和副标题设置一个好看的字体即可。

4.2.3 输入内容并设置格式

封面制作完成后，接下来编辑员工手册的正文内容。为了提高编辑效率，可以使用"样式"功能进行快速排版。

步骤1 ❶将光标定位到封面页之后的第1页中；❷切换到"插入"选项卡，单击"页面"组中的"分页"按钮，新建一个空白页面，将中间的空白页预留为目录页。

步骤2 ❶在"开始"选项卡中单击"样式"组中的扩展功能按钮 ；❷在打开的"样式"窗格中单击"新建样式"按钮 。

步骤3 ①在弹出的"根据格式化创建新样式"对话框中，设置样式名称为"正文内容"；②设置字号为"小五"。

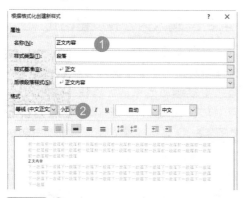

步骤4 ①单击下方的"格式"下拉按钮；②在弹出的下拉列表中选择"段落"命令。

步骤5 ①在打开的"段落"对话框中，设置"特殊"选项为"首行"，"缩进值"为"2字符"；②依次单击"确定"按钮保存设置。

步骤6 ①返回文档，可以看到新建的样式已经出现在样式列表中，将光标定位到文档第3页开头；②在"样式"窗格中单击"正文内容"样式应用该样式。

步骤7 打开"员工手册范文.docx"素材文件，按下"Ctrl+A"全选，再按"Ctrl+C"进行复制。

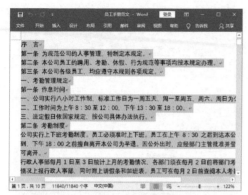

步骤 8 ①返回正在编辑的文档，在光标处单击鼠标右键；②在弹出的快捷菜单中单击"只保留文档"按钮。

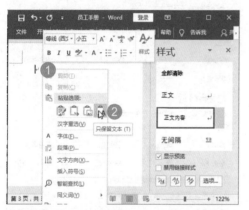

步骤 9 执行以上操作后，复制的文本将以当前光标所在段落的"段落样式"粘贴到文档中。

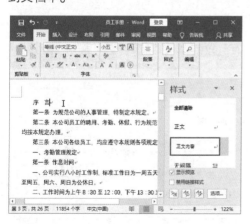

4.2.4 设置标题格式

设置好正文内容格式后，接下来需要为正文的各小节标题设置格式，标题段落通常使用内置的标题样式，方法如下。

步骤 1 ①将光标定位到"序言"文本段落中；②在"样式"窗格中单击"标题 1"样式。

步骤 2 使用同样的方法对其他节标题应用"标题 1"样式。

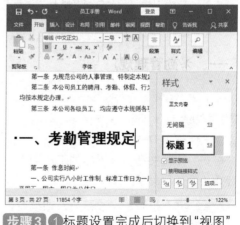

步骤 3 ①标题设置完成后切换到"视图"选项卡，在"显示"组中勾选"导航窗格"复选框；②在打开的"导航"窗格的"标

题"选项卡中查看是否所有标题都应用了标题样式。

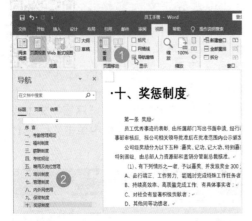

步骤4 默认的标题样式不一定适合所有文档，因此需要对"标题1"样式进行修改。①在"样式"窗格中，将鼠标指向"标题1"样式，单击名称后面出现的下拉按钮；②在弹出的下拉列表中选择"修改"命令。

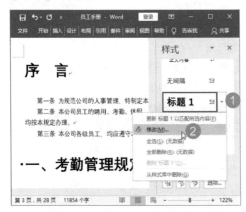

步骤5 ①在打开的"修改样式"对话框中，设置字体大小为"四号"；②单击下方的"格式"下拉按钮，在弹出的下拉列表中选择"段落"命令。

步骤6 ①在打开的"段落"对话框中，设置"段前"和"段后"均为"6磅"；②依次单击"确定"按钮保存设置。

步骤7 返回文档，可以看到所有应用了"标题1"样式的段落已经自动更新为修改后的"标题1"样式。

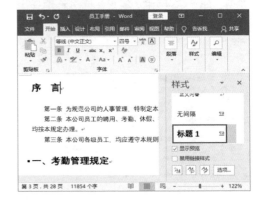

4.2.5 插入页码

通常情况下，对于需要 "对页装订"的文档，其奇数页位于对页的右边，而偶数页位于对页的左边。因此，奇数页页码应设置在页面的右下角，而偶数页页码应设置在页面的左下角。

步骤 1 ❶在任意页面中双击页眉或页脚区域，进入页眉页脚编辑状态；❷在"页眉和页脚"选项卡的"选项"组中勾选"首页不同"和"奇偶页不同"复选框。

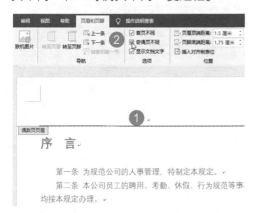

> **提示** 勾选"奇偶页不同"复选框后，页眉或页脚左侧会显示当前页是奇数页还是偶数页。

步骤 2 ❶将光标定位到偶数页页眉或页脚中，在"页眉和页脚"选项卡的"页眉和页脚"组中单击"页码"下拉按钮；❷在弹出的下拉列表中选择一种位于页面左下角的页码样式。

步骤 3 所选页码将被插入到所有偶数页的左下角区域中。

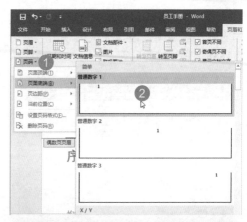

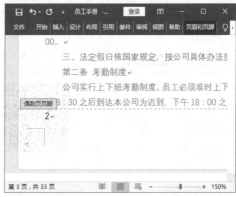

步骤 4 ❶将光标定位到任意奇数页页眉或页脚中，在"页眉和页脚"选项卡的"页眉和页脚"组中单击"页码"下拉按钮；❷在弹出的下拉列表中选择位于页面右下角的相同样式页码。

步骤 5 所选页码将被插入到所有奇数页的右下角区域中，设置完成后单击"关闭页眉和页脚"按钮即可。

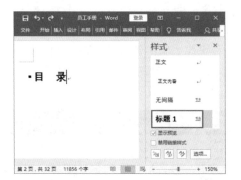

4.2.6 提取目录

确保所有标题样式正确后，就可以为文档提取目录了，提取文档目录的方法如下。

步骤 1 将光标定位到之前预留的目录页中，输入文本"目 录"，并应用"标题 1"样式。

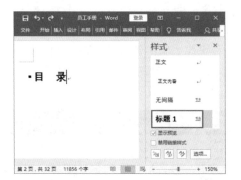

步骤 2 ❶将光标定位到"目录"文本段落下方，切换到"引用"选项卡，单击"目录"下拉按钮；❷在弹出的下拉列表中选择"自定义目录"命令。

步骤 3 ❶弹出"目录"对话框，在"常规"栏设置需要提取的目录级别，这里设置为"1"；❷取消勾选"使用超链接而不使

用页码"复选框；❸单击"确定"按钮。

步骤 4 返回文档页面，即可看到目录已经插入到文档中。

目 录...1
序 言...2
一、考勤管理规定.............................5
二、福利制度.................................7
三、薪酬制度................................12
四、考核规定................................13
五、聘用及岗位管理..........................14
六、培训制度................................21
七、管理制度................................23
八、内外网使用..............................24
九、保密制度................................25
十、奖惩制度................................28

步骤 5 案例最终效果如下。

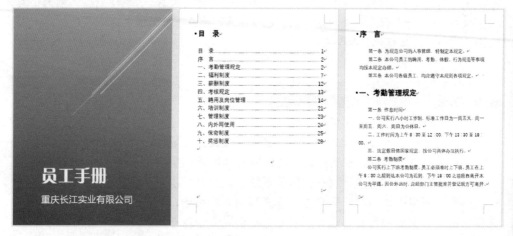

4.3 技能提升

📖 为段落样式设置快捷键

在为文档应用段落样式时，可以给常用样式添加快捷键，从而提高编辑效率，方法如下。

在样式窗格中，用鼠标右键单击要设置快捷键的样式，在弹出的快捷菜单中选择"修改"命令，打开"修改样式"对话框，单击左下角的"格式"按钮，选择"快捷键"命令，打开"自定义键盘"对话框，将光标定位到"请按新快捷键"文本框中，在键盘上按下要设置的快捷键，然后单击"指定"按钮。设置完成后单击"关闭"按钮即可。

📖 快速清除文档中多余的空行

当我们从网页中复制文本资料到 Word 文档中时，常常会出现大量多余的空行，手动删除非常麻烦，针对这种情况，我们可以利用 Word 的"替换"功能来进行处理，操作方法如下。

在"开始"选项卡的"编辑"组中单击"替换"按钮打开"查找和替换"对话框，在"查找内容"文本框中输入文本"^p^p"，在"替换为"文本框中输入"^p"，设置完成后单击"全部替换"按钮即可。

快速替换段落样式

在使用段落样式编排文档时，有时会将文档中的部分段落应用成了错误的段落样式，例如某文档中设置正文段落为 "正文缩进" 样式，在实际操作时却将部分段落应用成了 "正文文本" 样式，导致正文样式不统一，此时可以在 "样式" 窗格中单击 "正文文本" 样式旁的下拉按钮，在弹出的下拉列表中选择 "选择所有 x 个实例" 命令，即可将应用了该样式的文本全部选中，然后在样式列表中单击需要应用的样式即可。

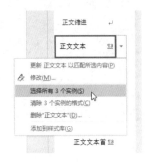

删除页眉中的横线

在进入页眉编辑状态时，页眉中通常会出现一条黑色的横线，许多人不知道如何才能删除，这条横线其实是 "段落的下边框"，可以起到页眉分隔线的作用。要删除该横线，可以进入页眉编辑状态，选中页眉中的文本段落或是段落标记，然后在 "开始" 选项卡的 "段落" 组中单击 "边框" 下拉按钮，在下拉列表中选择 "无框线" 命令即可。

允许英文单词从中间换行

在文档中输入英文单词、代码或网址等信息时，如果当前行不能完全显示时会自动跳转到下一行，而当前行中的文本间距就变得很宽，从而影响文档的美观。针对这样的情况，可设置为英文在单词中间进行换行。选中需要设置的段落，打开 "段落" 对话框，切换到 "中文版式" 选项卡，勾选 "允许西文在单词中间换行" 复选框，然后单击 "确定" 按钮即可。

该操作也可以应用在段落样式中，从而使所有应用该样式的段落均可应用该设置。

第 5 章

商务文档制作

本章导读

利用Word的一些高级功能，可以制作出更为复杂的Word文档，例如模板的应用、邮件合并和控件的应用等。本章将通过批量制作员工工作证、制作企业文件模板和问卷调查表等案例来介绍这些功能。

案例导航

★ 批量制作"员工工作证"
★ 制作"企业红头文件模板"
★ 制作"问卷调查表"

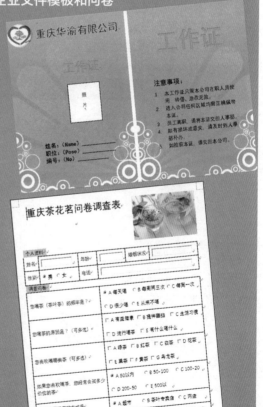

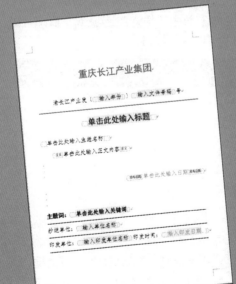

5.1 批量制作"员工工作证"

员工工作证既是表明某人在某单位工作的一种凭证，也是企业形象的一种标志。员工工作证的内容主要包括公司名称、员工姓名、职位、编号和照片等。批量制作员工工作证是指利用邮件合并功能自动填写员工姓名等信息。

5.1.1 页面设置

页面设置包括设置页面大小和页面背景等，目的是为工作证创建一个框架，具体方法如下。

步骤 1 新建一个名为"员工工作证"的空白文档，切换到"布局"选项卡，单击"页面设置"组中的扩展功能按钮 。

步骤 2 ❶弹出"页面设置"对话框，切换到"纸张"选项卡；❷设置纸张"宽度"为"26.5 厘米"，纸张"高度"为"18 厘米"；❸完成后单击"确定"按钮。

步骤 3 单击"插入"选项卡"插图"组中的"图片"按钮。

步骤 4 ❶弹出"插入图片"对话框，选中"工作证背景"素材文件；❷单击"插

入"按钮。

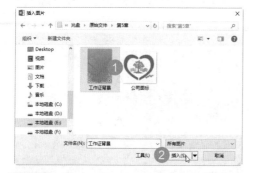

步骤5 ❶选中图片,单击"格式"选项卡"排列"组中的"环绕文字"下拉按钮;❷在弹出的下拉列表中选择"衬于文字下方"选项。

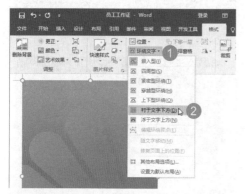

步骤6 ❶单击"格式"选项卡"调整"组中的"艺术效果"下拉按钮;❷在弹出的下拉列表中选择"十字图案蚀刻"选项。

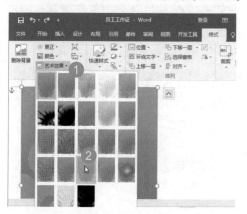

步骤7 ❶复制并移动图片到页面右侧;❷选中复制的图片,单击"格式"选项卡"排列"组中的"旋转"下拉按钮;❸在弹出的下拉列表中选择"水平翻转"选项。

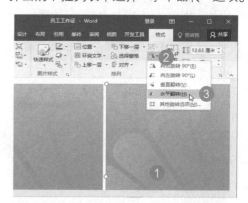

5.1.2 制作员工工作证正面

员工工作证正面主要包括公司信息和持证人信息等,下面介绍如何制作员工工作证的正面内容。

步骤1 ❶插入"公司图标.jpg"素材图片;❷选中图片,单击"格式"选项卡"排列"组中的"环绕文字"下拉按钮;❸在弹出的下拉列表中选择"浮于文字上方"选项。

步骤2 ①将图片拖动到背景图片左上角的位置；②单击"格式"选项卡"大小"组中的"裁剪"下拉按钮；③在弹出的下拉列表中选择"裁剪为形状"选项；④在弹出的扩展菜单中选择"椭圆"选项。

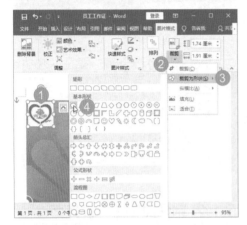

步骤3 ①选择图片，单击"格式"选项卡"形状样式"组中的"图片效果"下拉按钮；②在弹出的下拉列表中选择"阴影"选项；③在弹出的扩展菜单中选择"内部向右"选项。

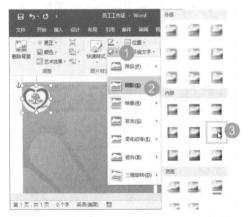

步骤4 ①单击"插入"选项卡"文本"组中的"艺术字"下拉按钮；②在弹出的下拉列表中选择一种艺术字样式。

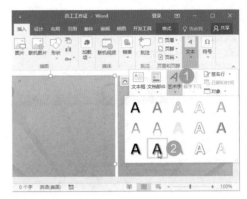

步骤5 在艺术字文本框中输入公司名称，设置文本格式为"黑体，二号"。然后将艺术字文本框拖动至合适的位置。

步骤6 使用相同的方法插入内容为"工作证"的艺术字，并在"开始"选项卡中设置字体样式。

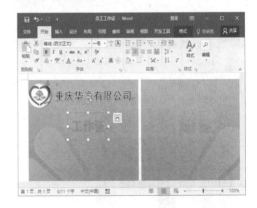

步骤7 ❶单击"插入"选项卡"文本"组中的"文本框"下拉按钮; ❷在弹出的下拉列表中选择"绘制竖排文本框"选项。

步骤8 此时鼠标将变为十字形状,在"工作证"文本下方按下鼠标左键并保持,拖动鼠标绘制一个文本框,然后释放鼠标左键。

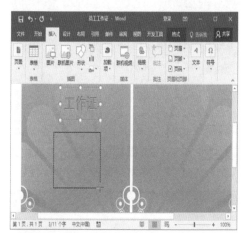

步骤9 ❶在文本框中输入"照片"文本; ❷单击"格式"选项卡"文本"组中的"对齐文本"下拉按钮; ❸在弹出的下拉列表中选择"居中"选项。

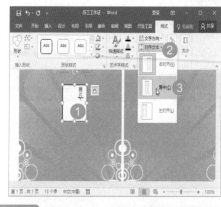

步骤10 在文本上方和中间键入空格键,将"照片"文本置于文本框的正中。

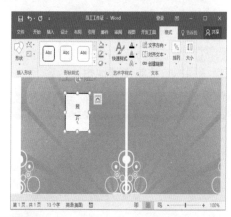

步骤11 ❶使用相同的方法在竖排文本框下方绘制一个横排文本框; ❷在"格式"选项卡的"形状样式"组中选择"透明-黑色,深色1"样式。

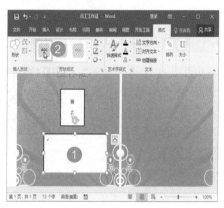

步骤12 在横排文本框中输入"姓名（Name）"文本，然后单击"开始"选项卡"字体"组中的"下画线"按钮 U 。

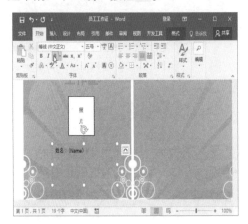

步骤13 按下数个空格键画出下画线，并使用相同的方法制作其他相关内容。

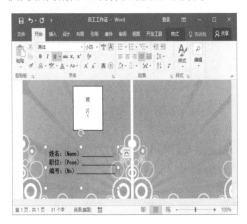

5.1.3 制作员工工作证背面

员工工作证背面主要为工作证使用注意事项等信息，下面介绍如何制作员工工作证背面内容。

步骤1 复制"工作证"文本到员工工作证背面，并将其字号设置为"48"。

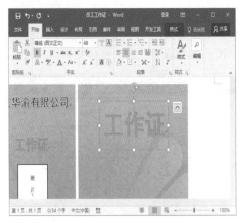

步骤2 ❶单击"插入"选项卡"插图"组中的"形状"下拉按钮；❷在弹出的下拉列表中选择"横排文本框"选项。

步骤3 绘制一个横排文本框，在其中输入相应的内容，并对字体格式进行设置。

步骤 4 至此，员工工作证的制作便完成了，最终效果如下图所示。

5.1.4 批量制作工作证

由于每张员工工作证的员工信息都不相同，如果公司员工较多，那么手动输入所有员工信息就是一件十分烦琐的事情。使用邮件合并功能可以快速自动填写员工信息，从而批量制作员工工作证，方法如下。

步骤 1 ❶切换到"邮件"选项卡，在"开始邮件合并"组中单击"选择收件人"下拉按钮；❷在弹出的下拉列表中选择"键入新列表"选项。

步骤 2 弹出"新建地址列表"对话框，单击"自定义列"按钮。

步骤 3 ❶弹出"自定义地址列表"对话框，由于本例中需要使用"名字""职务"和"编号"3个字段名，因此在"字段名"列表框中选择不需要的字段选项，如选择"称呼"选项；❷单击"删除"按钮。

步骤 4 在打开的提示对话框中单击"是"按钮。

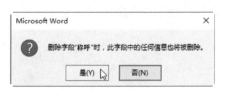

步骤 5 ❶使用同样的方法删除其他不需要的字段，然后单击"添加"按钮；❷在弹出的对话框中输入文本"职务"；❸单击"确定"按钮。

步骤6 ① 使用同样的方法新建"编号"字段名；② 单击"确定"按钮。

步骤7 ① 返回"新建地址列表"对话框，在字段下方的项目中输入第1位员工信息；② 单击"新建条目"按钮。

步骤8 ① 列表框中将新建一个条目，在新建的条目中输入相应的信息，然后使用相同的方法继续新建条目；② 制作完新建条目内容后，单击"确定"按钮。

步骤9 ① 弹出"保存通讯录"对话框，在地址栏中设置保存位置；② 在"文件名"文本框中输入保存名称；③ 单击"保存"按钮，对数据源进行保存。

步骤10 ① 返回文档，单击"邮件"选项卡"开始邮件合并"组中的"选择收件人"下拉按钮；② 在弹出的下拉列表中选择"使用现有列表"选项。

步骤 11 ①弹出"选取数据源"对话框，定位到刚才数据源保存的位置，然后选择数据源文件；②完成后单击"打开"按钮。

步骤 12 ①将光标定位到"姓名"文本后的横线上；②单击"编写和插入域"组中的"插入合并域"下拉按钮；③在弹出的下拉列表中选择"名字"选项。

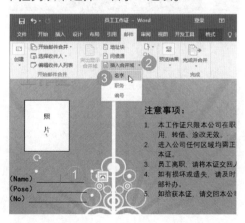

步骤 13 ①"名字"域将插入到光标处，使用同样的方法将"职务"域插入"职位"文本后的横线上，将"编号"域插入"编号"文本后的横线上；②完成后单击"完成"组中的"完成并合并"下拉按钮；③在弹出的下拉列表中选择"编辑单个文档"选项。

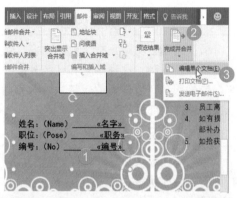

步骤 14 ①弹出"合并到新文档"对话框，选择"全部"单选项；②单击"确定"按钮。

步骤 15 合并完成后，将在同一个文档的不同页面中显示不同员工的工作证，调整好下画线的长短即可。

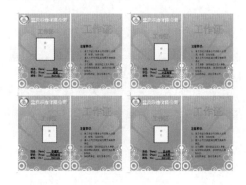

5.2 制作"企业红头文件"模板

"红头文件"是对政府或企业印发的带有红字标题的文件的俗称，它是政府或企业中正式文件的一种表现形式。红头文件通常拥有固定的样式，为了使用方便，可以将其制作成模板，在需要使用时只需填写相应的内容即可。

5.2.1 制作公文版头内容

版头是指公文中正文之前的内容，通常包括单位名称、文件编号和红色分割线等。制作版头可以分为编辑基本内容和插入文本控件两部分，下面分别讲解。

1. 编辑基本内容

首先编辑版头的基本内容，包括文本、特殊符号和形状等，方法如下。

步骤 1 新建空白文档，切换到"布局"选项卡，单击"页面设置"组中的扩展功能按钮。

步骤 2 ①弹出"页面设置"对话框，在"页边距"选项卡中设置上边距为"3.7 厘米"，下边距为"3.5 厘米"，左右边距均为"2.5 厘米"；②完成后单击"确定"按钮。

步骤 3 在文档首行中输入单位名称，设置字体为"黑体"，字号为"一号"，颜色为"红色"，并设置为"居中对齐"。

步骤4 ❶单击"开始"选项卡"段落"组中的功能扩展按钮,打开"段落"对话框,设置"段前"为"3 行","段后"为"2行";❷单击"确定"按钮保存。

步骤5 另起一行,输入公文内容,设置文本字体为"仿宋",字号为"三号",并设置为"居中对齐"。

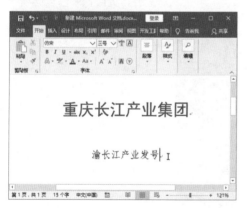

步骤6 ❶将光标定位到"发"和"号"文本中间;❷在"插入"选项卡的"符号"组中单击"符号"下拉按钮;❸在弹出的下拉列表中选择"其他符号"命令。

步骤7 ❶弹出"符号"对话框,在"字体"下拉列表中选择"普通文本";❷在符号列表中选中左龟壳形括号;❸单击"插入"按钮将符号插入到文档中。使用同样的方法插入右龟壳形括号。

步骤8 ❶打开该段落的"段落"对话框,将"段前"和"段后"设置为"2 行";❷完成后单击"确定"按钮。

步骤9 ①在"插入"选项卡的"插图"组中单击"形状"下拉按钮；②在弹出的下拉列表中选择"直线"选项。

步骤10 按住"Shift"键，在文头与正文分隔处绘制一条横线。

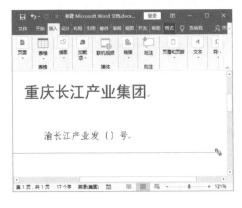

步骤11 ①选中横线，切换到"格式"选项卡，在"形状样式"组中单击"形状轮廓"下拉按钮；②在弹出的下拉列表中设置线条颜色为红色；③展开"粗细"子菜单，设置线条宽度为"2.25磅"。

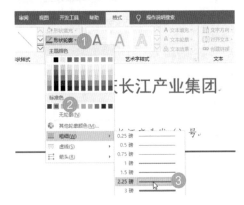

2. 插入文本控件

为了统一需要文件中需要手动输入的文本的格式，可以在文档中需要手动输入文本的位置放置文本控件，并设置好文本格式，用户使用模板时只需直接在文本控件中输入文本即可。

步骤1 进入"文件"页面，单击"选项"命令。

步骤2 ①弹出"Word选项"对话框，切换到"自定义功能区"选项卡；②在右侧的"自定义功能区"列表框中勾选"开发

工具"复选框；③单击"确定"按钮。

步骤3 ①将光标定位到文件号的括号中；②切换到"开发工具"选项卡，在"控件"组中单击"格式文本内容控件"按钮 Aa。

步骤4 文本控件将被插入到文档中，在"开发工具"选项卡的"控件"组中单击"设计模式"按钮，进入控件编辑状态。

步骤5 将文本控件中的文本替换为"输入年份"，并将文本格式设置为"仿宋、三号"。

步骤6 ①选中控件中的文本，切换到"开始"选项卡，单击"段落"组中的"底纹"下拉按钮；②在弹出的下拉列表中为该控件设置一个底纹颜色。

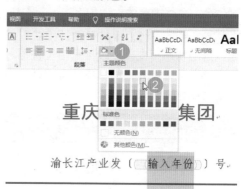

提示 对控件中的文本设置文本样式和底纹效果，只对其中的占位符文本起作用，而不会影响实际输入的文本效果。实际输入的文本样式取决于控件前一个光标处的文本样式。本例中为占位符文本设置文本样式的作用是使其与输入后的效果一致，而设置底纹可以起到强调作用，底纹效果在实际输入时会消失。

步骤7 使用同样的方法在该控件后再插入一个文本控件，在其中输入"输入文件号码"文本，并设置同样的底纹颜色。

重庆长江产业集团

江产业发（ 输入年份 ）（ 输入文件号码 ）号

5.2.2 制作公文主体内容

公文主体即公文的正文部分，包括公文标题、主送单位、正文内容和日期等，制作公文主体内容的方法如下。

步骤1 另起一行，保持"设计模式"按钮的选中状态不变，在段落居中位置插入一个格式文本控件，将其中的文字替换为"单击此处输入标题"。

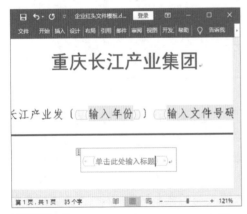

步骤2 ①选中文本控件所在段落；②将文本格式设置为"黑体，二号，黑色"。

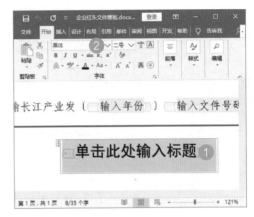

此操作可以同时设置占位符文本样式和实际输入文本所用样式，如果只需要设置实际输入文本所用样式，可以将光标定位在控件之前进行设置，或者先设置光标处的文本样式，再插入文本控件。

步骤3 ①打开该段落的"段落"对话框，设置"段前"为"0行"，"段后"为"1行"；②完成后单击"确定"按钮。

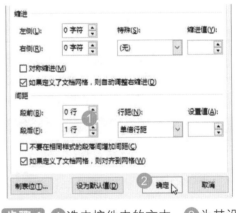

步骤4 ①选中控件中的文本；②为其设置相同颜色的底纹。

步骤5 选中文本控件，在"开发工具"
选项卡的"控件"组中单击"属性"按钮。

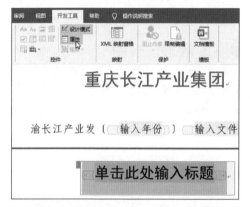

步骤6 ❶ 弹出"内容控件属性"对话框，
勾选"内容被编辑后删除内容控件"复选
框；❷ 单击"确定"按钮。

步骤7 另起一行，再次插入一个格式文
本控件，将其中的文本替换为"单击此处
输入主送名称"。

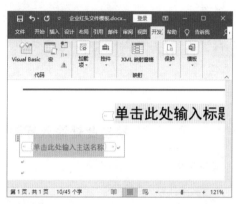

步骤8 选中整个段落，将文本格式设置
为"仿宋，三号，黑色"。

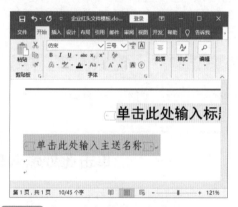

步骤9 打开该段落的"段落"对话框，
设置"段前"和"段后"均为"0行"。

步骤 10 在下一行中，再次插入格式文本控件，将控件内容设置为"单击此处输入正文内容"，并设置与上一控件相同的文本格式。

步骤 11 选中新插入的文本控件，在"开发工具"选项卡的"控件"组中单击"属性"按钮。

步骤 12 ①在打开的"内容控件属性"对话框中，设置"标题"为"正文"；②勾选"内容被编辑后删除内容控件"复选框；③单击"确定"按钮。

步骤 13 ①打开该段落的"段落"对话框，设置"特殊"样式为"首行"缩进值为"2字符"；②设置行距为"28磅"；③单击"确定"按钮。

步骤 14 将光标定位到下方第4行的位置，在"开发工具"选项卡的"控件"组中单击"日期选择器内容控件"按钮。

步骤15 日期控件被插入到文档中，将控件文本内容修改为"单击此处输入日期"。

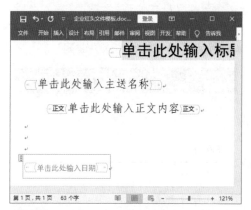

步骤16 选中日期行所在段落，设置文本格式为"仿宋，三号"，段落对齐方式为"右对齐"。

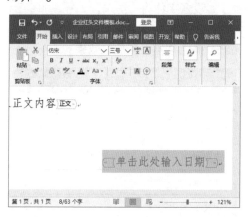

步骤17 ①单击"属性"按钮打开"内容控件属性"对话框，设置标题为"发布日期"；②在下方的日期格式列表中选择一种日期格式；③单击"确定"按钮即可。

5.2.3 制作公文版记内容

版记是公文的重要组成部分，公文的版记包括主题词、抄送单位、印发单位和印发日期等内容。制作公文版记的方法如下。

步骤1 将光标定位到日期下方第4行的位置，输入版记项目标题。

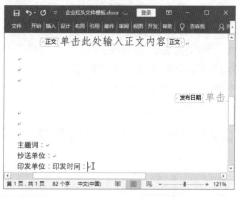

步骤2 将"主题词"文本的字体设置为"黑体，三号，加粗"，将其余3项文本的字体设置为"仿宋，三号"。

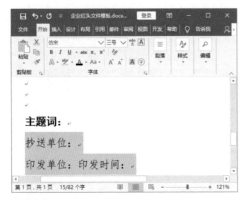

步骤 3 选中所有版记内容,打开"段落"对话框,设置"段前"和"段后"为"0.5行"。

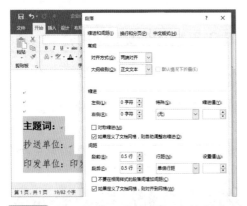

步骤 4 使用直线工具在版记中绘制分割线,选中直线,在"格式"选项卡的"形状样式"组中单击"形状轮廓"下拉按钮,在弹出的下拉列表中设置直线颜色为黑色,粗细为"1磅"。

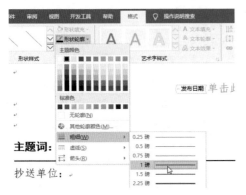

步骤 5 选中直线,按住 Ctrl 键拖动,将其复制两份放置到下方合适的位置。

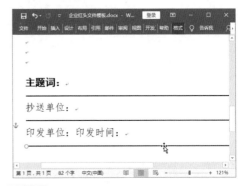

步骤 6 将光标定位到"主题词"文本之后,插入一个格式文本内容控件,将其中的文本替换为"单击此处输入关键词"。

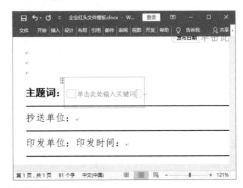

步骤 7 将光标定位到冒号之后(控件之前),设置字体为"仿宋,三号,加粗",然后选中控件中的文本,设置同样的文本格式,并为文本设置底纹效果。

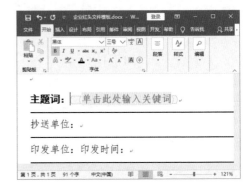

步骤 8 打开该控件的属性对话框，勾选"内容被编辑后删除内容控件"复选框，然后单击"确定"按钮。

步骤 9 使用同样的方法，为"抄送单位"和"印发单位"添加内容控件，分别替换文本内容，并设置字体为"仿宋，三号"。

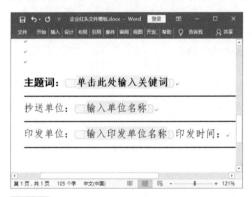

步骤 10 将光标定位到"印发时间"文本之后，在"开发工具"选项卡的"控件"组中单击"日期选择器内容控件"按钮回。

步骤 11 插入一个日期控件，将文本替换为"输入印发时间"，设置字体为"仿宋，三号"。

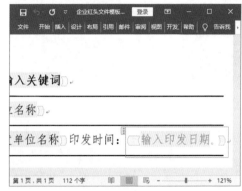

步骤 12 文件制作完成后，在"开发工具"选项卡中单击"设计模式"按钮，退出控件编辑模式，然后使用空格键将"印发时间"文本及控件调整到文档右侧。制作完成后单击"保存"按钮保存文档。

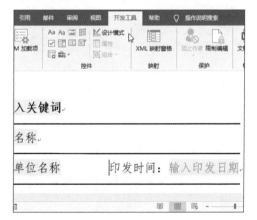

5.2.4 模板保存及应用

红头文件制作完成后，还需要将其保存为模板文件，以方便日常使用，模板文件的保存及使用方法如下。

步骤 1 在制作完成的文档中，选择"文件"→"另存为"→"浏览"命令。

步骤 2 ❶弹出"另存为"对话框，设置文件保存路径及文件名；❷在"保存类型"下拉列表中选择"Word 模板（*.dotx）"选项；❸单击"保存"按钮。

步骤 3 当需要制作红头文件时，打开保存的模板文件，单击文本内容控件，可以直接在其中输入需要的文本。

提示 在使用模板编写文档时，应确保"设计模式"按钮为弹起状态，否则输入到控件中的文本仅为占位符文本，并非实际输入的内容。

步骤 4 单击"发布日期"内容控件旁的下拉按钮，可以在控件中选择需要的日期，也可以手动在文本框中输入日期。

步骤 5 ❶文件制作完成后，选择"文件"→"另存为"→"浏览"命令，打开"另存为"对话框，输入文件名；❷使用默认的"Word 文档（*.docx）"文件类型，直接单击"保存"按钮即可。

5.3 制作"问卷调查表"

在企业开发新产品或推出新服务时，为了使产品服务更好地适应市场的需求，通常需要事先对市场需求进行调查。本例将使用 Word 制作一份问卷调查表，并利用 Word 中的 Visual Basic 脚本添加一些交互功能，使调查表更加人性化，让被调查者可以更快速、方便地填写问卷信息。

5.3.1 在文档中应用 ActiveX 控件

ActiveX 控件是软件中应用的组件和对象，如按钮、文本框、组合框、复选框等。在 Word 中插入 ActiveX 控件不仅可以丰富文档内容，还可以针对 ActiveX 控件进行程序开发，使 Word 具有更复杂的功能。

1. 将文件另存为启用宏的 Word 文档

在问卷调查表中，需要使用 ActiveX 控件，并需要应用宏命令实现部分控件的特殊功能，所以需要将素材文件中的 Word 文档另存为"启动宏的 Word 文档"格式（.dotm）。操作方法如下。

步骤1 打开"商业问卷调查表 .docx"素材文件，单击"文件"选项卡，在文件选项卡中选择"另存为"→"浏览"命令。

步骤2 弹出"另存为"对话框，设置保存类型为"启用宏的 Word 文档"，然后单击"保存"按钮。

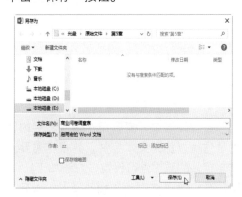

2. 添加"开发工具"选项卡

在文档中添加控件需要使用"开发工具"选项卡中的功能，而"开发工具"选项卡并没有默认显示在菜单栏，需要用户手动添加，添加"开发工具"选项卡的操作方法如下。

步骤1 在"文件"页面中选择左下角的"选项"命令。

99

步骤2 ❶弹出"Word选项"对话框，切换到"自定义功能区"选项卡；❷在右侧的"自定义功能区"列表框中勾选"开发工具"复选框；❸单击"确定"按钮。

3. 插入文本框控件

在调查表中，需要用户输入文字内容的地方可以应用文本控件，并根据需要对文本控件的属性进行设置，方法如下。

步骤1 ❶将光标定位到"姓名"右侧的单元格中；❷在"开发工具"选项卡的"控件"组中单击"旧式工具"下拉按钮 🔧▾，❸在弹出的下拉列表中选择"ActiveX控件"组中的"文本框"选项 abl 。

步骤2 插入文本框控件后，通过文本框四周的控制点调整文本框的大小。

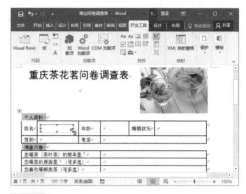

步骤3 使用相同的方法，为其他需要填写内容的单元格添加文本框。

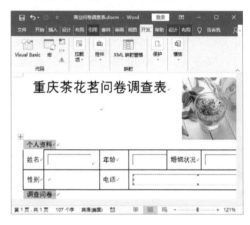

提示 在使用控件的过程中，如果"开发工具"选项卡"控件"组中的"设计模式"按钮为按下状态，则为控件编辑模式；若"设计模式"按钮弹起，则为控件使用模式。

4. 插入选项按钮控件

如果要求他人在填写调查表时进行选择，而不是填写，并且只能选项一项信息时，可以使用选项按钮控件，具体操作方法如下。

步骤 1 ① 将光标定位到"性别"右侧的单元格中；② 在"开发工具"选项卡的"控件"组中单击"旧式工具"下拉按钮 🛠▾，③ 在弹出的下拉列表中单击"ActiveX 控件"组中的"选项按钮"选项 ◉。

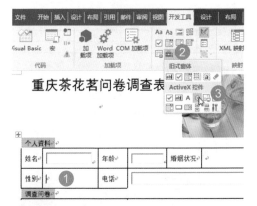

步骤 2 添加的选项按钮为选中状态，在"开发工具"选项卡的"控件"组中单击"属性"按钮。

步骤 3 弹出"属性"对话框，将"Caption"项更改为"男"；将"GroupName"项更改为"Sex"，完成后关闭"属性"对话框。

步骤 4 返回文档，通过控件四周的控制句柄调整选项按钮控件的大小。

步骤 5 使用相同的方法，在"性别"单元格中再次添加一个选项按钮控件，并打开"属性"对话框，将"Caption"更改为"女"，"GroupName"更改为"Sex"，并调整好控件大小。

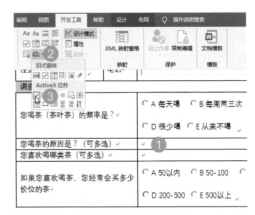

提示 GroupName 属性用于设置多个选项按钮所在的不同组别，同一级别中只能选中其中一个选项。因此在同一选项组中需要使用相同的 GroupName 属性，而不同的选项组则需要分别设置不同的 GroupName 属性。

步骤6 使用相同的方法为其他需要设置单选项的单元格添加选项按钮控件。

个人资料						
姓名:		年龄:		婚姻状况:		
性别: ○男 ○女		电话:				

调查问卷	
您喝茶（茶叶茶）的频率是？	○ A 每天喝　○ B 每周两三次　○ C 每周一次 ○ D 很少喝　○ E 从来不喝
您喝茶的原因是？（可多选）	
您喜欢喝哪类茶（可多选）	
如果您喜欢喝茶，您经常会买多少价位的茶	○ A 50以内　○ B 50-100　○ C 100-200 ○ D 200-500　○ E 500以上
您常选择购茶的方式是	○ A 超市　○ B 茶叶专卖店　○ C 网店
您购买茶的频率通常是	○ A 一月一次　○ B 三月一次　○ C 半年一次 ○ D 一年一次　○ E 喝完就买

5. 插入复选框控件

如果允许用户在对信息进行选择时可以选择多项信息，可以使用复选框控件，具体操作方法如下。

步骤1 ❶将光标定位到"您喝茶的原因是？（可多选）"右侧的单元格中；❷单击"开发工具"选项卡"控件"组中的"旧式工具"下拉按钮 ▦▾；❸在弹出的下拉列表中选择"复选框"控件☑。

步骤2 复选框控件被插入到单元格中，单击"开发工具"选项卡"控件"组中的"属性"按钮。

步骤3 在"属性"对话框中设置"Caption"为"A 有益健康"，设置"GroupName"为"hc"。

步骤3 使用相同的方法分别添加其他复选框控件，注意保持各组中的 GroupName 项相同。

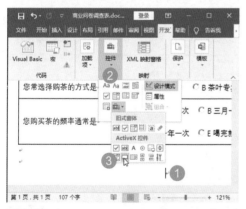

6. 插入命令按钮插件

如果允许用户可以快速执行一些指定的操作，可以在 Word 文档中插入命令按钮控件，并通过编写按钮事件过程代码实现其功能，具体操作方法如下。

步骤1 ①将光标定位到表格下方需要添加"提交"按钮的位置；②在"开发工具"选项卡的"控件"组中单击"旧式工具"下拉按钮 ；③在弹出的下拉列表中选择"命令按钮"控件 。

步骤3 ①弹出"属性"对话框，设置"Caption"为"提交调查表"；②选中"Font"项，单击右侧的"…"按钮。

步骤4 弹出"字体"对话框，设置字体为"华文细黑"，字号为"小四"，完成后单击"确定"按钮。

步骤2 保持命令按钮为选中状态，选择"开发工具"选项卡"控件"组中的"属性"命令。

103

步骤5 返回文档中，通过按钮四周的控制句柄调整按钮大小。

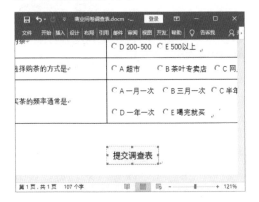

5.3.2 添加宏代码

在用户填写完调查表后，为了获取用户提交的问卷信息，可以在"提交调查表"按钮上添加程序，使用户单击该按钮后自动保存文件并发送邮件到指定邮箱，具体操作方法如下。

步骤1 双击文档中的"提交调查表"按钮，打开"宏代码"窗口。

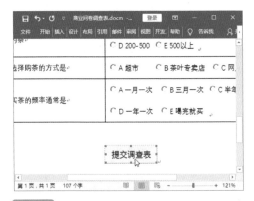

步骤2 在代码窗口中输入如下代码，表示保存调查结果。

步骤3 在宏代码窗口中选择"文件"→"导出文件"命令。

步骤4 ❶弹出"导出文件"对话框，使用默认保存位置，将其命名为"问卷调查信息反馈"；❷单击"保存"按钮。

步骤5 接下来为控件添加发送代码，并设置接收调查结果的邮件地址，代码如下。

 代码中的邮箱地址根据需要自行更改。

步骤6 代码编写完成后，选择"文件"→"保存 商业问卷调查表"命令，再选择"关闭并返回到 Microsoft Word"命令，返回文档后，保存文档即可。

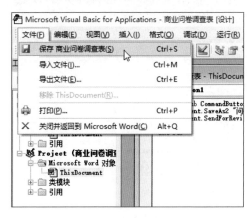

5.3.3 文件保护与测试

为了保证调查表不被用户误修改，需要进行保护调查表的操作，使用户只能修改调查表中的控件值。同时，为了查看调查表的效果，还需要对整个调查表程序功能进行测试。

1. 保护调查表文档

使用保护文档中的仅允许填写窗体功能，可以用户只能在控件上进行填写，而不能对文档内容进行其他任务操作，具体操作方法如下。

步骤1 ❶单击"开发工具"选项卡"控件"组中的"设计模式"按钮退出设计模式；❷单击"开发工具"选项卡"保护"组中的"限制编辑"命令。

步骤2 ❶打开"限制编辑"窗格，勾选仅"允许在文档中进行此类型的编辑："复选框；❷在下方的下拉列表中选择"填写窗体"选项；❸单击"是，启动强制保护"按钮。

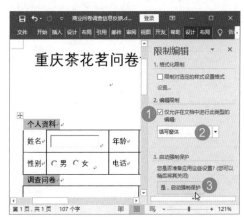

步骤3 ❶弹出"启动强制保护"对话框，在文本框中输入新密码并确认新密码；❷单击"确定"按钮即可。

2. 表格测试

调查表制作完成后，可以通过填写调查表并提交结果来进行测试，操作方法如下。

步骤1 打开调查文件，确保"设计模式"按钮为弹起状态，选择各个单元格中的单元项，查看是否只能在同一选项组中进行单选；勾选各个单元格中的复选框，查看是否可以多选；表格填写完成后，单击"提交调查表"按钮。

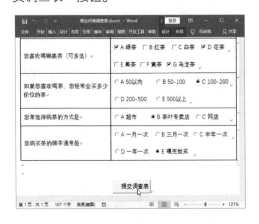

步骤2 弹出 Outlook 程序界面，如果还没有登录 Outlook 账户，程序会提示用户登录，单击"下一步"按钮继续即可。

步骤3 如果已经登录 Outlook 账户，则会直接进入邮件编写页面，并自动填写好收件人地址、主题和附件内容，单击"发送"按钮即可直接发送邮件。

5.4 技能提升

📖 将空格标记显示在文档中

　　严格的文档编排要求文本中不能有多余的空格，然而在校对文档时，面对夹杂了大量空格的文本却很难将它们全部找出来，此时可以通过设置将空格标记显示在文档中。

　　具体的操作方法是：在"文件"页面中选择"选项"命令，打开"Word 选项"对话框，切换到"显示"选项卡，在"始终在屏幕上显示这些标记"选项组中勾选"空格"复选框，完成后单击"确定"按钮即可。

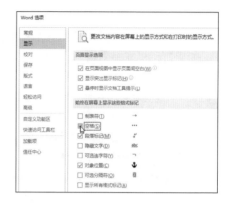

📖 关闭文档中的彩色提示线

　　在用 Word 编辑文本时，某些文本的下方可能会出现彩色的波浪线，这是因为开启了键入时自动检查拼写和语法错误的功能，Word 会自动在其认为有误的地方进行标注，如果觉得影响文档阅读，可以将其关闭，方法为：打开"文件"页面，选择"选项"命令，弹出"Word 选项"对话框，切换到"校对"选项卡，取消勾选"键入时检查拼写"和"键入时标记语法错误"两个复选框即可。

📖 为文档添加水印效果

　　在制作一些商业文档的时候，常常需要为文档添加水印，如添加公司名称、机密提醒等，操作方法是：在"设计"选项卡的"页面背景"组中单击"水印"下拉按钮，然后在弹出的下拉列表中选择一种水印样式，或者选择"自定义水印"命令，在打开的对话框中进行详细的设置。

📖 打印 Word 的背景

　　默认情况下，文档中设置好的颜色或图片背景，是无法直接打印出来的，只有在设置后才能进行打印，方法为：进入"文件"页面，选择"选项"命令打开"Word 选项"对话框，切换到"显示"选项卡，在"打印选项"组中勾选"打印背景色和图像"复选框即可。

📖 通过打印奇偶页实现双面打印

　　为了节省纸张，在允许的情况下，我们可以将纸张双面打印使用，Word 自带双面打印功能，通过分别在纸张正反面打印奇偶页的方式，实现页码的连贯。不同功能的打印机操作方法有所不同，下面分别介绍。

　　如果打印机支持双面打印功能，则在"文件"→"打印"页面的"单面打印"下拉列表中选择"双面打印"选项，然后单击"打印机属性"链接，在弹出的"打印机属性对话框"中切换到"完成"选项卡，勾选"双面打印"复选框，保存退出后执行打印命令即可。

　　如果打印机不支持双面打印功能，则在"文件"→"打印"页面的"单面打印"下拉列表中选择"手动双面打印"选项，执行打印命令，程序会先打印"奇数页"，打印完成后会提示用户手动翻转纸张，将纸张翻转后再次执行打印命令，会继续完成"偶数页"的打印。